高等学校创新实践系列教材

本书获浙江省智能制造专业教材研究基地立项出版资助

总主编　倪　敬

总副主编　纪华伟

智能机电产品设计创新实践

王洪成　编著

西安电子科技大学出版社

内 容 简 介

本书系统介绍了智能机电产品的设计流程和设计方法，以完整的智能机电产品从 0 到 1 的设计流程为线索，介绍了各个环节的设计方法和注意事项。首先，从智能机电产品技术和市场需求分析出发，介绍了产品总体方案设计的步骤以及机械传动机构、驱动机构的选型，并在此基础上对总体方案核心功能进行了可行性验证；然后，介绍了智能机电产品的机械结构设计方法、控制系统设计方法，以及智能感知系统、智能控制系统和产品样机的制造及调试策略；最后，介绍了智能机电产品的产品化设计方法，并对创新实践成果进行整理归档。

本书既可作为机械工程专业高年级本科生和研究生教材，也可供相关领域的科技人员学习参考。

图书在版编目(CIP)数据

智能机电产品设计创新实践 / 王洪成编著. --西安：西安电子科技大学出版社，2023.11
ISBN 978-7-5606-7072-0

Ⅰ.①智…　Ⅱ.①王…　Ⅲ.①智能机器—产品设计　Ⅳ.①TP387

中国国家版本馆 CIP 数据核字(2023)第 200384 号

策　　划　陈　婷
责任编辑　雷鸿俊
出版发行　西安电子科技大学出版社(西安市太白南路 2 号)
电　　话　(029) 88202421　88201467　　邮　　编　710071
网　　址　www.xduph.com　　电子邮箱　xdupfxb001@163.com
经　　销　新华书店
印刷单位　陕西天意印务有限责任公司
版　　次　2023 年 11 月第 1 版　2023 年 11 月第 1 次印刷
开　　本　787 毫米×1092 毫米　1/16　印张 9.5
字　　数　219 千字
定　　价　30.00 元
ISBN　978-7-5606-7072-0 / TP
XDUP 7374001-1

目　录

第1章 绪 论

1.1 课程简介

近年来，随着微电子技术、移动互联网和大数据的迅速发展，以及这些技术向机械工程领域的逐渐渗透，机械工业的技术结构、产品结构、功能构成、生产方式及管理体系发生了巨大变化。在机械装置的主功能、动力功能、信息处理功能和控制功能的基础上引进智能感知，将机械装置、电子设备以及智能软件等有机结合起来，便构成了智能机电产品。各种装配有机械、传感、电器、电子部件的产品，包括工业机器人、全自动生产线等工业装备，智能台灯、扫地机器人、全自动洗衣机和全自动洗碗机等家用电器，都可以称为智能机电产品。

同时，随着计算机技术的迅猛发展及其在个人穿戴、交通出行、医疗健康和生产制造等智能领域的广泛应用，智能机电技术得到了前所未有的发展，朝着智能化方向迈进。相应地，智能制造同样发展迅速。智能制造系统是一种由智能机器和人类专家共同组成的人机一体化智能系统，其能够在制造过程中进行智能活动，如分析、推理、判断、构思和决策等，通过人与智能机器的合作，扩大、延伸和部分取代了人类专家在制造过程中的脑力劳动。

智能制造将制造自动化的概念更新，扩展到柔性化、智能化和高度集成化，而智能机电产品是智能制造的基础，具有相似的技术特征。以智能机器人为例，该产品是一个独特的自我控制的"活物"，具备各种内部和外部信息传感器，包括视觉、听觉、触觉和嗅觉感受器和效应器。效应器可使手、脚、鼻子、触角等动起来，从而作用于周围环境。智能机器人作为多种高新技术的集成体，至少具备三个要素：感觉、运动和思考，智能机器人的开发融合了机械、电子、传感器、计算机硬件和软件及人工智能等多学科知识，其发展代表着未来技术的发展方向。因此，本课程将两轮移动机器人的创新设计过程作为设计实例融入各个章节，让同学们能够亲自动手设计、制造该款机器人，达到智能机电产品创新设计实训的目的。

智能机电产品综合应用机械技术、微电子技术、自动控制技术、计算机技术、传感器与测控技术及电力电子技术，根据系统功能目标要求，合理配置与布局各功能单元，在多功能、高质量、高可靠性、低功耗的意义上实现特定功能价值。机电类的产品设计、制造及维护是今后机械类专业学生从事相关工作的主要方向之一。

前期理论基础课程和专业基础课程的学习使学生具备了智能机电产品设计所需的机械技术、微电子技术、传感器与控制技术等方面的知识，但学生仍缺乏综合应用这些知识的能力，无法独立设计产品。本课程要求学生运用所学的知识，通过综合应用创新实践来达到以下目的：

(1) 掌握智能机电产品总体设计方案的拟定、分析和比较方法。

(2) 掌握典型传动元件与动力元件的工作原理、计算方法和选用原则。

(3) 掌握典型硬件电路的设计方法、控制软件的设计思路、控制系统 MCU 选择、I/O 电路扩展设计方法等。

(4) 掌握常用的智能传感器的选型方法和通信接口调试方法。

(5) 培养学生在专业技术领域的工程设计能力和产品化设计能力，使学生掌握工程设计的基本方法和步骤，培养学生分析和解决实际工程设计问题的独立工作能力，使其掌握各种适宜的设计思想，为以后的毕业设计工作打下良好的基础。

(6) 使学生具备创造性的思维方式及创新能力，提高学生使用手册与标准、检索文献资料以及撰写科技论文的能力。

1.2 智能机电产品设计流程与设计内容

本书以典型的智能机电产品为设计对象，遵循常用的机电产品的设计方法和流程，具体可分为以下几个阶段：

1) 产品规划阶段

在产品规划阶段，要求对设计对象进行需求分析、市场预测、可行性分析和机理分析，确定设计参数及制约条件以及产品的规格、性能参数等，最后给出详细的设计任务书，作为设计、评价和决策的依据。

2) 产品功能原理设计阶段

在产品功能原理设计阶段，需对任务书提出的一系列设计指标，从机电产品的基本组成入手，按照系统功能和制造工艺进行产品功能模块的划分，即将产品划分为机械本体、动力部分、检测传感部分、传动系统与执行机构、信息处理与控制系统各部分。之后，提出实现各功能模块的技术方案。

3) 产品详细设计阶段

在产品详细设计阶段，需将产品功能原理方案转化为具体的产品及其零部件的合理构型，完成产品的总体设计、零部件设计与选型以及控制系统设计与实现。之后，在完成所有机械、电气与控制系统设计后，提供全部生产图样、设计说明书和相关技术文件。

4) 设计定型阶段

在设计定型阶段，需对调试成功的系统进行工艺定型，整理出设计图纸、软件清单、零部件清单、元器件清单，编写设计说明书，为产品投产的工艺设计、材料采购和销售提供详细的技术档案资料。

1.3 课程内容及结构

本书以智能机电产品设计流程为依据编排各章节内容，主体部分包括项目启动、方案设计、机械设计、智能感知、智能控制、样机制作、产品设计和成果报告。本课程建议安排 64 个实践课时。以图 1-1 所列的市场需求、技术需求、总体方案等 30 个核心知识点作为实践内容，每个核心知识点建议 2 个课时，共 60 个课时；最后 4 个课时作为结课课时，建议安排设计作品展或分组汇报答辩。

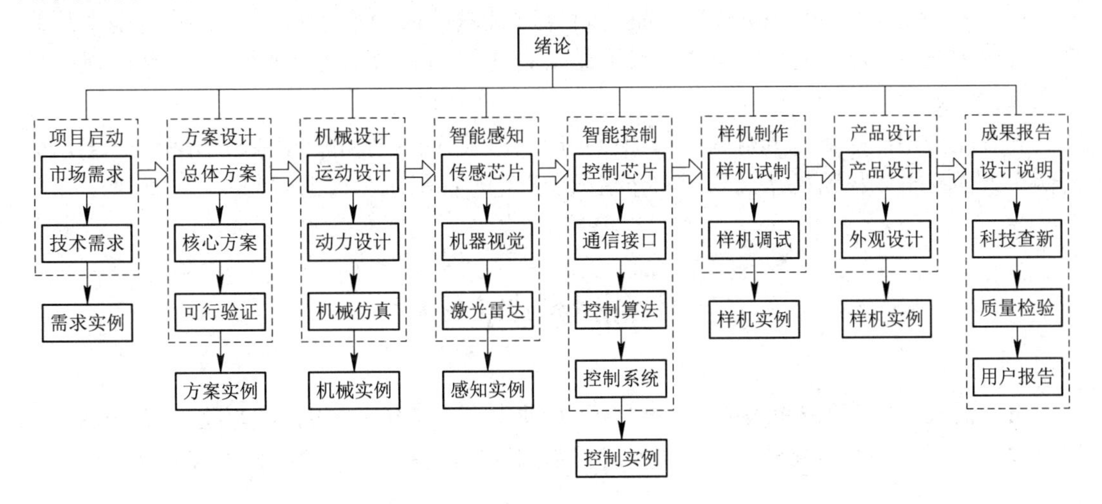

图 1-1　本书主要内容和结构

第 2 章　智能机电产品需求分析

随着技术推进、市场拉动、产品更新等对技术产品的推动作用，各种新型产品或完全革新的产品应运而生。其中，市场需求是各类具有核心技术的新型产品出现的推动力量。

本章先介绍产品需求分析的相关知识，产品需求分析包括市场需求分析和技术需求分析两个方面；再以移动机器人为例，介绍智能机电产品需求分析的实例。

2.1　市场需求分析

市场需求分析简称为市场分析。对各个行业来说，市场分析的基本方法具有普遍性，这里主要介绍进行市场分析或市场研究时常用的数据收集方法、数据样本容量确定和数据调研法。

2.1.1　市场分析的相关知识

1. 市场分析概念

关于市场分析的定义，学术界和企业界存在不同的看法。根据国际商会以及欧洲民意和市场研究协会关于市场的国际准则的定义，市场分析是市场信息领域的一个重要方面，包括将相应问题所需要的信息具体化，设计收集信息的方法，管理并实施数据收集的过程，分析研究结果，得出结论并确定含义。美国市场协会将市场分析定义为一种通过信息将消费者、客户、公众与营销者联系起来的研究过程或信息系统。该信息系统用来确定和定义市场机会与问题，生成、优化和评价市场行为，监控市场表现，加强公众对市场的了解。市场分析的内容包括定义与问题相关的信息，设计方法并收集数据，管理监控数据收集过程，分析结果，交流结果与解决问题。

2. 市场分析的目的

企业想要比其他竞争者更好地满足消费者的需求，赢得竞争优势，就必须进行市场调研或市场分析，预测市场未来的需求。

产品的市场需求是什么？这是产品创新设计过程中需要回答的核心问题。需求是人们使自己从不满意到满意的愿望，能让人们感受到满足。当人们觉得不满足时，需求就产生了。因此，市场的核心就是需求。那么，需求是什么？智能机电产品面向的客户有什么需求？这些看似简单的问题一直困扰着产品开发人员。

如何发现需求、如何细分市场、如何把握产品周期、如何创新产品是产品设计的重要前提。产品市场分析是智能机电产品创新设计的起点，是信息准备分析和概念形成阶段，是发现、定义和初步解决问题的过程，它决定了创新设计的概念和最后的设计目标。若没有完整有效的产品市场分析，市场研究分析的一系列工作就没有可以进一步发展的设计概念，设计过程也就无从开展。“工欲善其事，必先利其器”，设计前期的调研工作对后面的创新设计过程和结果具有十分重大且不可或缺的意义。

3. 市场分析活动的主要内容

市场分析贯穿产品设计管理的整个过程，常见的市场分析活动主要是对客观的市场信息进行整合分析，主要内容包括以下几类。

(1) 消费者行为习惯研究。消费者行为习惯研究主要包括对消费者基本人文特征的研究和对其购买行为的研究。根据消费者购买行为研究的结果，可以估算市场需求。掌握消费者购买行为的基本模式及特点，有利于企业把握有利时机、制订最佳的产品策略，从而进入有利可图的目标市场。

(2) 品牌和市场定位研究。品牌和市场定位研究包括品牌知名度和广告知名度、品牌渗透率、最常使用率、细分市场和市场定位等方面的研究。

(3) 产品价格测试研究。产品价格测试研究作为产品研发费用投入的重要参考因素之一，主要包括相关产品的比价研究、差价研究、消费者的价格敏感度研究和新产品定价研究等。在比价研究中要分析和确定同一市场和时间内相互关联产品之间的价格关系，包括原料和半成品的比价、制成品与零配件的比价、进口产品与国内产品的比价、原产品与替代品的比价等。在产品差价研究中，要分析和研究产品之间的质量差价、地区差价、季节差价、购销差价、批零差价和数量差价等。

(4) 广告和媒体测试研究。广告和媒体测试研究是为产品的未来推广作准备，提前了解产品所在领域的广告和媒体主要途径和方式，从技术的角度提供未来推广方案的设计思路。

2.1.2　数据收集方法

市场研究的数据收集方法可以分为两种形式：一手资料收集和二手资料收集(图 2-1)。一手资料收集主要是指根据研究目的，不能从现有的资料中获得数据，只能为此进行市场调研，直接从市场中获取数据资料的方法。二手资料收集则刚好相反，可以从现有的资料(如文献、历史销售量、利润及企业内部的一些资料)中获得数据，该方法效率高、成本低，但是缺乏原创性。

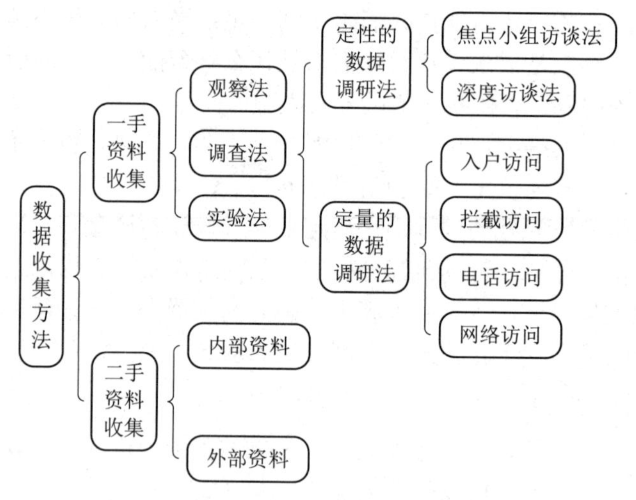

图 2-1　市场调研数据收集方法

本书主要讨论一手资料收集的方法。一手资料收集的方法包括观察法、调查法和实验法。

1) 观察法

观察法是指调查者凭借自己的眼睛或摄像录音工具等，在调查现场实地考察，记录正在发生的市场行为或状况，以获取各种原始资料的一种调查方法。

观察法的主要特点是观察者与被观察者不直接接触，由观察者从侧面直接或间接地借助仪器把被观察者的实际情况记录下来，避免让被观察者感觉正在被调查，从而提高调查结果的真实性和可靠性，使取得的资料更加贴近实际。观察法是现代市场研究中一种基本的调查方法，同其他方法相比，获得的原始资料更加真实、客观。因而，在市场研究中比较普及，一般适用于对结果的准确性要求较高的场合。比如，要比较准确地得到顾客对某种新产品的反应，可在选择的商店里陈设要试验的产品，并记录正常的购买条件下的产品的销售量，这样得到的数据结果较为客观。

2) 调查法

调查法是为了获得研究的数据，制订某一计划从而全面或比较全面地收集研究对象某几个方面情况的材料，并作出分析，综合得出某些观点的研究方法。根据收集数据的特性，调查法可以分成定性的数据调研法(定性研究)和定量的数据调研法(定量研究)。定量研究是指可以提供数量性信息的研究，它的主要功能是解答“有多少”“是什么”“发生了什么”的问题。调查消费者对于某个产品的反应，通常可以采用定点的拦截访问方法，即租用一个固定场所，约请消费者提供建议。网络访问中应注意被访者必须使用网络这个特殊的条件，如果不注意可能会导致样本的偏差，缺少代表性。

定性研究是对研究对象质的规定性进行科学抽象和理论分析的方法。它选定较小的样本对象，凭借研究者的主观经验情感及有关技术进行深度、非正规的访谈，从而进一步弄清问题，发掘内涵，为随后的进一步调查作好准备。

在市场研究中，定性研究是指发掘消费者动机、态度和决策过程的研究。它的功能不是提供有关消费者的数据，而是解答“为什么”的问题。例如，为什么某些消费者会购买

甲的新产品，而不购买乙的产品？它聚焦在一群小模型和精心挑选的样本个体上，不要求具体的统计意义，但是要求凭借研究者的经验、敏感度及有关的技术，能有效地洞察日常生活中消费者购买某些产品的动机，以及这些产品所带来的影响。

定性的数据调研法和定量的数据调研法作为重点内容，这部分内容将在下文具体介绍。

3) 实验法

实验法是从影响调研对象的若干因素中选出一个或几个因素作为实验变量(即自变量)，采用控制变量的方法，了解实验因素的变化对调研对象(即因变量)的影响程度，是决定企业市场营销策略的一种方法。所谓实验，就是研究人员改变某些因素，比如价格、包装、产品诉求等，然后观察这些因素变化对其他因素的影响程度。

实验法的实质就是在测量某些变量的过程中，研究人员对研究环境进行人为操控，使实验变量有不同水平或取值，而其他变量保持不变，再观察因变量的变化，由此推断自变量和因变量之间的关系。在实验法中，对因变量的测量方式可以是访问，也可以是观察。实验可以在实验室中进行，也可以在现场环境中进行。在现场环境下受众的反应更加符合现实情况。但是，实验过程中研究人员没有办法控制现场环境中可能影响测量结果的其他因素，因而观察到的因变量的变化未必都是实验变量的变化引起的。在实验室环境下，研究人员对实验变量及其他变量的控制相对容易，可以更有效地排除其他因素对测量的影响，从而能更加明确地将观察到的因变量的变化归结为实验变量的变化。

2.1.3　数据样本容量确定

1) 样本容量定义

样本容量又称为“样本数”，指一个样本的必要抽样单位数目。采用随机抽样的方法要比采用非随机抽样的方法更具代表性。样本容量的确定要合理。如果样本容量过大，会增加调查工作量，造成人力、物力、财力、时间的浪费；如果样本容量过小，则样本对总体来说缺乏足够的代表性，从而难以保证推算结果的精确度和可靠性。确定科学合理的样本容量，可以在既定的精确度和可靠性条件下，使调查费用尽可能少，保证抽样推断的精确效果。

2) 影响样本容量的因素

确定样本容量的大小是比较复杂的问题，既要考虑定性问题，也要考虑定量问题，通常要考虑下列因素对样本容量的影响。

(1) 总体各单位变异程度的大小。总体各单位变异程度越大，样本越不均衡或不一致，需要的样本容量也越大。反之，总体各单位差异程度越小，即总体越均衡，则需要抽取的样本容量就越小。在样本容量的计算中，常用的总体各单位变异程度指标主要是标准差。

(2) 允许误差的大小。允许的误差越小，抽样的精确度越高，抽样数目应当越多；反之，允许的误差越大，抽样的精确度越小，抽样数目应越小。如果不允许有抽样误差，就必须进行普查，即全面调查。允许误差的大小取决于研究的目的和要求、企业的实际经费和人力状况。

(3) 抽样方法和抽样组织形式。在相同情况下，重复抽样应多抽取一些样本，不重复抽样可以少抽取一些样本。另外，抽样组织形式不同，需要抽取的数目也不一样。在系统抽样时可以少抽取一些样本，而进行简单随机抽样时应多抽取一些样本。

3) 样本容量的确定

样本容量的确定通常取决于理论上的完整方案与实际可行方案之间的一个折中。可采用置信区间的方法来计算样本容量，置信区间是指由样本统计量所构造的总体参数的估计区间。在统计学中，一个概率样本的置信区间是对这个样本的某个总体参数的区间估计。置信区间展现的是这个参数的真实值有一定概率落在测量结果的周围的程度。置信区间给出的是被测量参数的测量值的可信程度，即前面所要求的“一定概率”，这个概率被称为置信水平。

样本容量的确定方法有以下两种：

(1) 用百分率确定样本容量。用百分率确定样本容量的公式为

$$n=\frac{Z^2p\left(1-p\right)}{e^2} \tag{2-1}$$

其中，n 为样本容量；Z 为与所选区间相关的样本误差；p 为总体估计的差异性；e 为可为接受误差。

(2) 用平均数确定样本容量。用平均数确定样本容量为

$$n=\frac{Z^2\sigma^2x}{e^2} \tag{2-2}$$

其中，n 为样本容量，Z 为与所选区间相关的样本误差，σ 为估计的差异性，e 为可接受误差。

2.1.4 数据调研法

1. 定量的数据调研法

定量的数据调研法包括入户访问、拦截访问、电话访问、网络访问。

(1) 入户访问。入户访问是指调研者进入被调研者家中或单位进行调研的一种形式。这种访问曾被认为是最佳的访谈方式，是唯一可以进行深度访谈和利用特定室内用品进行测试的有效访谈方式。首先，入户访问是一种私下的面对面访谈形式，能直接得到信息的反馈，可以对复杂的问题进行解释。在需要使用书面材料加快访谈速度和提高访谈数据质量时，可以使用专门的问卷技术，对被访问者进行相应的启发。其次，入户访问能够确保受访者在熟悉、舒适、安全的环境里轻松愉快地接受访谈。

(2) 拦截访问。在一个购物中心、超市、百货商店或者其他交通便利、人流量大的地方随机拦截路人所进行的个人访问，被称为拦截访问，或街头拦截访问。访问员一般在商场入口处或街头人流集中的地方友善地拦住购物者或行人，然后就事先准备好的调研问题就地即时询问被访对象；或者邀请被访者到附近一个固定的调研场所，品尝食物新品种或观赏广告片段等。

(3) 电话访问。电话访问是指调查者根据调研要求，预先确定调查的问题，以打电话

的方式向被调查者征询有关意见和看法的一种调查方法。电话访问通常是一种用于样本数量多、调查内容简单明了、易于让人快速获取有关事项信息的调查手段。电话访问的抽样通常属于随机抽样，抽样的关键是要建立样本框。对于电话访问来讲，一般有两种建立样本框的方法：企业提供和随机生成。

(4) 网络访问。网络访问作为一种非面对面的访问方式，可借助海量的网络资源，发放的调查问卷可面向更大数量或特定行业人群，且因网络问卷制式更灵活，应用得越来越广泛。

2. 定性的数据调研法

定性的数据调研法包括焦点小组访谈法和深度访谈法：

(1) 焦点小组访谈法。焦点小组访谈法又称为小组座谈法，是市场研究技术中一种非常实用和有效的定性调研方法。它采用小型座谈会的形式，从所要研究的目标市场中挑选一组具有同质性的消费者或客户(8～12 人)组成一个焦点小组，在一个装有单向镜和录音录像设备的场所，由一名经验丰富、训练有素的主持人以一种无结构的自由模式与小组成员交谈，从而获取被调查者对产品、服务、广告、品牌的感知及看法。

焦点小组访谈法的特点在于“群体动力”，群体动力所产生的互动作用是焦点小组访谈法成功的关键。焦点小组访谈过程是主持人与多个被调查者相互影响、相互作用的过程。焦点小组访谈不是一问一答式的面谈而是同时对若干个被调查者的访问。采用焦点小组访谈的一个关键假设是，一个人的反应会对其他人造成某种刺激，从而可以观察到被调查者的相互作用，这种相互作用会比同样数量的人单独作陈述提供更多的信息。

(2) 深度访谈法。深度访谈法是一种无结构、直接、一对一的访问方法。在这一过程中，由调查员与被调查者进行面对面的、一对一的深入访谈，以揭示对某个问题的潜在动机、态度、信念和感情等，从而获得有关调研资料，它是一种探索性的调研形式。由于深度访谈是无结构的访问，其调研走向依据受访者的回答而定。在访问过程中，调查员直接面对受访者，能及时捕捉被调查者在探讨某一问题时所表现出来的潜在动机、信念、态度和情感。另外，由于深度访谈是一对一的访问，所以受访者有充足的时间和机会把自己的观点淋漓尽致地表达出来。

2.2　技术需求分析

2.2.1　技术需求分析的意义与途径

1. 获取技术信息资源的意义

现有产品技术分析是发现、定义和初步解答问题的过程，这必然需要多方面技术信息的支持，设计师在分析问题的时候也会从许多范围寻找所需产品技术信息，从而更好地认知问题，综合发展出一个可以呈现新产品核心价值、满足用户和企业需求的解决方案。因此，设计前期最重要的支持点就是技术信息的收集和分析，这主要通过技术文献检索来实现，获得的技术信息也就成了产品创新设计最主要的创新来源。

技术信息资源(这里主要指文献资源)获取有利于帮助研究人员继承和借鉴前人的成果，避免重复研究。人员在开始着手研究一项课题前，必须利用科学的检索方法来了解这个课题是如何提出的，前人在这方面做过什么工作，是如何做的，有何成果和经验教训，还存在什么问题，以及相关学科的发展对研究这项课题提供了哪些新的有利条件等，即获取与研究课题有关的科技信息。

2. 获取技术信息资源的途径、步骤和方法

1) 文献检索途径

文献检索工具能够在对大量的文献进行分析以后，按照一定的特征分类组织得到文献集合体。而检索文献就是根据一些既定的标志，从文献的不同特征、不同角度来查找文献。一般情况下，文献外表特征途径有书名、著者、序号等，内容特征途径有分类、主题等。

(1) 书名途径。书名途径是根据书刊资料的名称来着手查找文献的途径，如“图书书名目录”“期刊刊名目录”等。检索结果均按书刊资料的名称顺序排列。书名检索的缺点是：由于文献篇名较长，检索者难以记忆，加之按名称字顺编排造成检索到的相同内容文献较为分散，筛选工作量较大。

(2) 著者途径。著者途径是指根据已知文献著者姓名查找文献的途径。文献著者包括个人著者、合作著者和团体著者。常用的索引工具有“著者索引”和“机构索引”等。这类索引均按著者姓名字顺排列。由于编辑简单、出版快速、内容集中、使用方便，国外许多检索工具都有这种索引。因为从事某种科学技术研究的个人和团体都各有专长，同一著者发表的文章，其专业范围大致相近或有密切的联系。于是，在同一著者姓名下，往往集中了学科内容相近或者有着内在联系的文献，能在一定程度上集中同类文献，满足按类检索的要求。

(3) 序号途径。序号途径是指以文献号码为特征，按号码大小顺序编排和检索文献的途径。这类检索工具有“报告号索引”“合同号索引”“入藏号索引”“专利号索引”“国家标准”等。这类索引编制简单，查找方便迅速，但事先必须掌握文献号码。如果知道文献号码，利用相对应号码索引，检索文献则既快又准。但是利用文献序号途径查找资料会受到很大的限制(难以有目标地获得序号)，不能把它作为文献检索的主要途径。

(4) 分类途径。分类途径是指按照文献主题内容所属的学科分类体系和事物性质分类编排文献所形成的检索途径，常通过分类索引、分类号或类别来进行检索。例如，我国编制的科技文献检索工具，主要按《中国图书馆分类法》或《中国图书资料分类法》分类，以固定的号码表示相应的学科门类。如“T”代表工业技术大类，“TH”表示机械、仪表工业类，“TK”表示动力工程类。这种检索途径实质上是以概念体系为中心分类排检的，比较能体现学科的系统性，反映事物的派生、隶属和平行关系，便于从学科专业角度来检索。

(5) 主题途径。主题途径是指根据文献主题内容编制主题索引，通过主题索引来检索文献的途径。主题索引中用到的主题词是指从文献资料中抽取的能代表文献实质内容的词，一般对其按字顺编排。检索时，只要已知研究课题的主题概念，然后按字顺查找主题词，不必考虑学科体系。主题途径是使用较多、比较方便的一种检索途径，也是最主要的检索途径。但主题途径的缺点是，要求使用者必须具备较高的专业知识、检索知识和外语水平。

2) *文献检索步骤*

文献检索全过程一般可分为以下几个步骤。

(1) 分析研究课题。文献检索过程是一种逻辑推理过程，首先要对待查课题进行分析。明确课题的目的，明确课题对检索范围的要求，包括时间、地区和文献类型等；明确课题对检索深度的要求，明确是要求提供题录、文摘，还是要求提供全文；明确待查课题学科性质、技术内容和其他有关情况。必须根据待查课题的学科性质和技术内容来选定相应的检索工具，并从中选定合适的检索关键词。

(2) 制订检索策略。制订检索策略是指为完成检索课题、实现检索目的，对检索的全过程进行谋划之后制订全盘检索方案。具体内容包括以下几方面：根据检索手段的可能性以及课题的经费条件和时间等因素综合考虑，选择合适的检索手段；根据检索课题的多方面要求，在了解相关检索工具、检索系统及其数据库的性质、内容和特点后，选择一种或多种检索工具或数据库；根据检索条件、检索要求和检索课题的特点选择合适的检索方法，比如追溯法、顺查法等；选择检索途径和检索关键词；在计算机检索系统中构造检索式，需要将检索课题的标识用逻辑运算符进行组配，并选择检索字段和检索提问的先后次序。

(3) 试验性检索。无论是选择手工检索还是计算机检索，对于较大的检索课题，一般应先进行快速、少量的试验性检索，以检验检索策略是否合理和有效。根据试验结果确认或修改原定的检索策略。

(4) 正式检索。按照预先制订的检索策略进行实际检索，但仍要根据检索的阶段性成果或碰到的实际问题适当调整策略和进程。灵活运用检索工具、检索途径和检索方法是检索成功的保证。

(5) 原文获取。检索结果有两种可能性，一种是文献线索，另一种是全文检索。如果是文献线索，要对文献线索进行整理，分析其相关程度；之后可根据需要，通过馆藏或文献传递等途径获取原文。

3) *文献调研方法*

文献调研方法主要有3种：普查法、顺藤摸瓜法和跟踪法。

(1) 普查法。所谓普查法，就是全面查找相关的文献。具体而言，就是利用各种检索平台和数据库检索所需要的文献。检索的顺序一般是：先国内后国外(也就是先中文后外文)、先文献综述后研究论文、先文摘数据库后全文数据库。根据课题的研究领域，要选择适当的检索平台、数据库作为文献检索的主要对象。

适用于各个学科的通用性数据库包括：国内的中国知网CNKI、万方、维普和超星等；国外的Web of Science、EI、Scopus和PQDT等。除此之外，也可以按照国外大型的出版集团数据进行检索，如：ScienceDirect(Elsevier)、IEEE和Springer等。检索专利时，可以选择国家知识产权局、欧洲专利局等免费数据库或德温特(DI)、INCOPAT等非免费的专利文献数据库。另外，还可以利用网上丰富的免费学术资源，比如百度学术和Google学术等，补充相关专题文献信息。

(2) 顺藤摸瓜法。所谓顺藤摸瓜法，就是根据已查到的文献来查找相关的文献。具体而言，就是通过阅读已查到的文献，根据文献中提到的相关研究来发现、找到更多的相关文献。一般可在参考文献中查找所提到的研究的详细信息。

(3) 跟踪法。所谓跟踪法，就是针对相关研究领域的主要专家学者、期刊和会议等，有针对性地查找这些专家学者、期刊和会议近些年发表或出版的论文，并筛选出相关的文献。那么，这些主要的专家学者、期刊和会议信息，可以通过前期的文献调研来找出，或者通过请教相关老师和同学得到。

2.2.2 文献和专利检索数据库

1. 中文检索数据库

(1) 中国知网。中国知网(简称 CNKI)是一个综合性数据库，以中文文献为主，同时集成了多个外文数据库的文摘检索数据库，几乎包含了所有文献类型和学科，大部分中文文献提供全文下载。可以在其首页设定单个字段的检索条件以及跨库检索的范围(包括学术期刊、学位论文、会议、报纸、年鉴、专利、标准、成果)后直接检索(以上称为简单检索)，也可进入单库(图书、学术辑刊、法律法规、政府文件、企业标准、科技报告、政府采购)、行业知识服务与知识管理平台、研究学习平台、“专题知识库”平台进行高级检索、出版物检索。知网检索界面如图 2-2 所示。对于学位论文、专利、标准文献的检索，可先使用主题等字段检索，再在检索结果界面设定其他检索字段的检索条件，也可以直接点击首页的“高级检索”，进入高级检索界面。

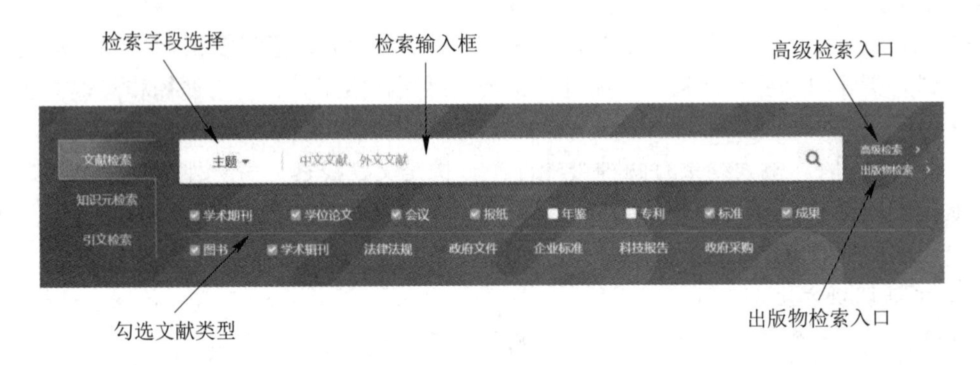

图 2-2　知网检索界面

① 简单检索。简单检索是指在首页的检索输入框选择合适的检索字段，设定规定格式的检索条件进行检索，默认检索的文献类型包括学术期刊、学位论文、会议和报纸等。

简单检索的规则：空格代表逻辑“与”，如 A　B 即表示 A AND B，其他逻辑算符不能识别。检索结果页面如图 2-3 所示，可以从发表时间、数据库(类型)、来源等多个角度进行进一步筛选，除此以外，还有题名、发表时间、被引(次数)和下载(次数)排序的功能。选中合适的文献，点击“导出与分析”按钮，进入文献题录下载界面，可以下载多种格式的文献题录。点击某篇文献的题名，可以进入该文献的详细介绍页面，包括摘要、知网节点及知识网络，并提供全文下载按钮。中国知网提供 CAJ 和 PDF 两种格式的原文，阅览前者需要下载并安装中国知网提供的 CAJView 阅读器。

图 2-3　中国知网检索结果

② 出版物检索。出版物检索可通过查找特定出版物或文献来源来检索所发表文献，对于期刊类出版物，还可了解期刊的影响因子，所属刊源目录索引库(包括 SCI、SSCI、EI、CSSCI 及中文核心期刊目录等)的情况。点击首页上的“出版物检索”即进入出版物检索界面，默认的检索字段有来源名称(包括期刊名称或图书名称)、主办单位(主要针对期刊)、出版者(即出版社)、ISSN(国际标准连续出版物号)、ISBN(国际标准书号，一些会议论文集以专著形式出版，故也有 ISBN 编号)和 CN(中国期刊的邮发代码)。为了提高检索效果，建议首先点击“出版来源导航”选择不同的出版来源，如学术期刊、学位论文、会议、年鉴、报纸等。

③ 高级检索。点击首页上的“高级检索”即可进入高级检索界面，如图 2-4 所示。在高级检索界面上，点击“专业检索”“作者发文检索”“句子检索”，可以分别进入相应的检索界面。

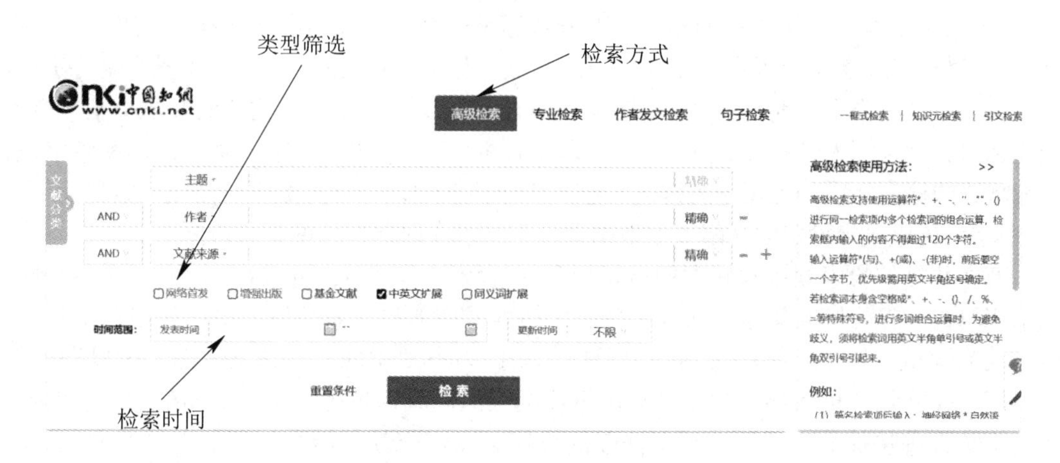

图 2-4　中国知网高级检索界面

系统默认可以同时检索期刊、硕博士学位论文和会议论文等多种类型文献，在检索结果界面左侧点击“外文文献”，可筛选来自 Emerald、Tailor 等著名出版社的文献的摘要。除作者、作者单位和文献来源外，每个检索字段可设定两个检索词、检索词间的关系、检索词的频率以及匹配方式，但在检索词输入框内不能使用任何逻辑算符。系统会提供基于出版年、文献来源、出版物和相关词等的分类统计功能，点击相应的统计条目可查看相应条目对应的相关文献。输入新的检索条件后，点击“在结果中检索”将对上一次检索结果增加新的条件进行再次检索，进而命中主题更为集中的文献。

除了上述使用菜单选择检索字段的表单式简单检索或高级检索界面外，中国知网还提供直接输入复杂检索式的检索界面，称为专业检索，如图 2-5 所示。

图 2-5 高级检索方式下的专业检索

中国知网的专业检索式需要注意以下几点：

第一，检索字段代码必须大写；

第二，检索词和*、+、–(分别表示同一个检索字段的检索词之间的逻辑与、或、非)之间没有空格，字段和 AND、OR、NOT(分别设定不同检索字段之间的逻辑与、或、非)之间须空一格；

第三，如果检索词中含有*或+或–，或检索词为词组、短语，则使用单引号括起来，如‘4–智能小车’。

(2) 万方数据。与中国知网相似，万方数据是一个综合性的中文文献检索工具，也提供全文下载。万方数据首页提供的“一框式检索”与中国知网的“一框式检索”略有不同，默认检索的文献类型为期刊论文、会议论文和学位论文。可重新设定检索文献类型范围：当光标移到输入框内时，系统弹出检索字段下拉框，可选择检索字段；如果忽略检索字段，系统默认的检索字段为主题、关键词、题名 3 个检索字段。万方数据的高级检索界面如图 2-6 所示，可以设定检索的文献类型范围，但无法事先限定检索的学科范围。

万方数据的检索规则与知网的检索规则差别较大，AND、OR、NOT 和*、+、–(分别表示逻辑与、或、非)可以混合使用，在高级检索界面的检索条件输入框中使用逻辑算符；检索词为词组、短语时，应使用双引号括起来。万方数据的检索结果界面，可以同时勾选多篇相关文献，批量导出题录；显示每篇题录的同时，也提供了“导出”“在线阅读”及“下载”等快捷导出或阅读单篇文献的按钮。点击文献的题名，可进入单篇文献详细信息界面。提供的相关文献包括专利、中外标准、科技成果等文献，以及新方志、视频等特色资源。

图 2-6　万方数据高级检索

(3) 读秀(搜索)。读秀搜索的优点如下：

① 海量学术资源库。读者能够通过读秀搜索获得关于检索点的最全面的学术资料，避免了反复搜集、检索的困扰。

② 整合馆藏学术资源。读秀搜索将检索结果与各种馆藏资源库对接，读者检索任意一个知识点，都可以直接获取图书馆内与其相关的纸质图书、电子图书全文、期刊论文等，不需要再对各种资源逐一登录检索查找。

③ 参考咨询服务。读秀提供的参考咨询服务，通过文献传递直接将相关学术资料发送到读者邮箱，使读者零距离获取珍稀学术资源。读秀的中文搜索提供知识、图书、期刊、报纸、学位论文、会议论文、音视频、文档、电子书 9 个主要搜索频道，读秀搜索界面如图 2-7 所示。

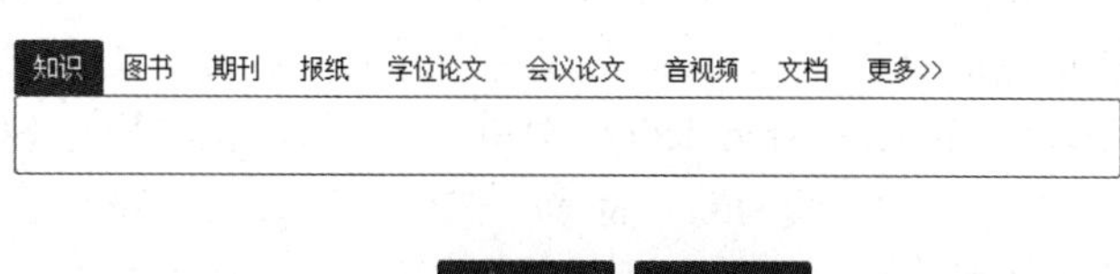

图 2-7　读秀检索界面

当设定检索的文献范围为读秀的“知识”时，系统仅提供“一框式检索”界面，没有高级检索、专业检索等功能。当选择其他文献类型但非外文搜索时，才能使用高级检索、专业检索等功能。

(4) 超星电子图书数据库。超星电子图书数据库与前述几种检索工具不同的是，超星电子图书数据库是一个电子图书全文数据库，提供阅读器阅读和网页阅读两种阅读方式。在该工具的简单检索界面上输入检索条件时，两个检索词之间以空格分割，表示逻辑“与”，不能使用逻辑“或”和逻辑“非”。高级检索界面上，同一个检索字段内不能使用逻辑算符，不同输入框的检索条件之间是逻辑“与”关系，且只能精确匹配，检索词前后顺序不可颠倒。因此，若检索条件的逻辑关系复杂，建议使用二次检索功能。

2. 外文检索数据库

(1) Web of Science 数据库。Web of Science 是一个集检索、分析、管理与评价于一体的平台(检索界面见图 2-8)，其中首页左上角是平台提供的数据子库或文献管理软件，默认的是 Web of Science 核心合集数据库(简称 WOS 核心合集)，提供文献检索和分析功能。此外，Incites Journal Citation Reports、Essential Science Indications 均为评价型数据库，用于对作者、期刊、机构国家等进行评价。

图 2-8 Web of Science 检索界面

需要特别注意的是，选择“所有数据库”检索是对多个数据库进行跨库检索，尽管不同数据库需提供的检索字段差异较大，但系统仅提供不同数据库中的共有检索字段，只有当选择单一数据库时，才能选择一些特色检索字段。因此，如果需要使用特色检索字段，建议避免使用“所有数据库”，而是根据课题所属学科选择相应的数据库，自动控制、物理及相关学科选择 INSPEC 数据库；医学及相关学科选择 MEDLINE 数据库；生命科学及相关学科选择 BIOSIS Previews 数据库；专利文献则选择 Derwent Innovations Index 数据库。

Web of Science 核心合集(简称 WOS 核心合集)仅收录了全球优秀期刊、会议和图书等类型的文献。在系统默认的 WOS 核心合集检索界面上，点击“更多设置”可见引文索引选择项，即 Science Citation Index Expanded(科学引文索引扩展版，简称 SCIE)、Social Science Citation Index(社会科学引文索引，简称 SSCI)、Conference Proceedings Citation Index-Science(国际会议自然科学工程技术领域引文索引，简称 CPCI-S)。

SCIE 收录高水平自然科学、工程技术类期刊，SSCI 收录高水平社会科学领域期刊，

A&HCI 收录高水平艺术和人文学科领域期刊，SCPCI-S 收录社会科学类高水平会议文献，对于这些高水平学术论文的索引，可以根据需要单独购买使用权，因此不同机构用户的 WOS 核心合集中涉及的索引库不尽相同。

在基本检索界面上，点击“添加行”按钮，可增加一条文本框，与前面的文本框构成逻辑组配关系，多次点击该按钮，可增加多条文本框。

(2) Engineering Village 数据库。Engineering Village 数据库创办于 1884 年，由美国工程信息公司(The Engineering Information Corporation，简称 EI)编辑出版，现由著名出版商 Elsevier 经营。它是世界上著名的有关工程技术方面的文摘性、综合性的检索工具，也是世界上鉴定、评价科研人员、工程技术人员学术成果的权威工具。可以检索 1969 年至今的文献，可检索的数据库有 Ei Compendex、Inspec、GEOBASE、GeoRef、EnCompassLIT & PAT、USPTO&EPO、NTIS、PaperChem、CBCN、Chimica，文献类型包括期刊、会议、报告、学位论文、专利等。

Engineering Village 数据库首页 Search 标签中，可选择 Quick Search(快速检索，最多可同时输入 12 条检索条件)、Expert Search(高级检索)、Browse Indexes(浏览检索)、Thesaurus Search(主题词表检索)以及 Search History(检索历史，用于回顾检索过程或对不同的检索过程进行进一步的组合操作、订阅)。在检索结果界面提供了出版商原文链接，方便获取原文。

注意：论文的 DOI(Digital Object Identifier)称为数字对象唯一标识符，是国际通用、终身不变的数字资源标识符，已成为科技期刊的“标准配置”以及论文的“身份证”。全球 4 万余种期刊为论文注册 DOI，并使用 DOI 链接。全球的数字出版行业通过 DOI 进行跨出版商、跨系统、跨语言的资源链接。也就是说，绝大部分期刊论文都会有一个 DOI 号，我们根据 DOI 号可以精确查找相应的论文。例如：网站 SCI-HUB(https://www.sci-hub.ren/)可以根据 DOI 号免费下载期刊全文(见图 2-9)。

图 2-9　SCI-HUB 网站主页

3. 专利检索平台

专利检索可借助的平台较多，这里介绍几种常见的平台：

(1) 国家知识产权局的专利检索及分析系统。国家知识产权局(简称国知局)的专利检索及分析系统(其界面见图 2-10)，可以检索 1985 年以来的所有专利及其法律状态，收录了 103

个国家、地区和组织的专利数据，包括引文、法律状态等数据信息。用申请号中的申请年后的第一位数字或公开公告号中的第一位数字区分专利类型，该数字称为专利类型标识数字：发明的类型标识数字为 1 或 8，其中 8 表示 PCT 发明申请；实用新型的类型标识数字为 2 或 9，其中，9 表示 PCT 实用新型申请，外观设计的类型标识数字为 3。

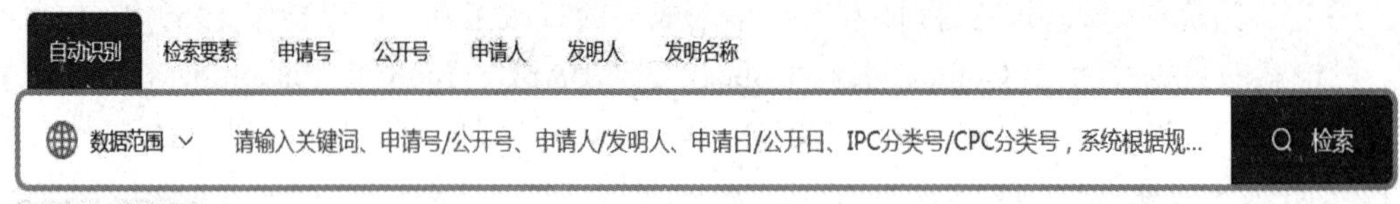

图 2-10　国家知识产权局的专利检索及分析系统

在检索框的左边可以对检索范围进行筛选，包括专利类型和专利号等。当鼠标停留在任一输入框时，会提示该字段的输入格式和输入规则，检索时根据已知条件选择相应的字段，按照规定的格式输入检索条件，常用的检索字段如下：

① 申请号、公开(公告)号，输入框后有一个问号的超链接，可以查询专利的国别代码。

② IPC 分类号，国际专利分类号输入框后的问号链接可以查询分类体系，特定的分类号有对应的含义，特定的主题被归在各自的分类号中。

③ 发明人、申请(专利权)人。发明人一般为个人，申请人则视情况而定，所以这里要引入一个概念，即职务发明。职务发明是指企业、事业单位、社会团体、国家机关等的工作人员执行本单位的任务或者主要利用本单位的物质条件所完成的职务发明创造。在专利法中，这种关系集中体现为职工完成的发明创造的权利归属问题，即职工完成的发明创造是职务发明还是非职务发明创造的问题。原则上，这一问题的解决应当遵从“合同优于法律”的原则，即有关发明创造成果权归属问题首先应当按照劳动合同中的约定来解决。

(2) CNKI 专利数据库。CNKI 专利数据库收录 1985 年中国专利法实施以来公开的中国发明、实用新型、外观设计专利的题录、文摘信息。登录 CNKI 镜像站的中国专利数据库，数据库提供初级检索、高级检索两种检索方法。初级检索界面左侧的检索字段选择的下拉式菜单中提供 16 个检索字段，分别是发明名称、发明人、法律状态、通讯地址、文摘等。在检索对话框中输入相应的检索词即可获得相应专利的文摘信息。高级检索界面提供 6 个检索对话框，各对话框之间可进行“与”“或”“非”的布尔逻辑运算。

(3) 万方数据资源系统专利数据库。万方数据资源系统专利数据库收录 1985 年中国专利法实施以来公开的中国发明、实用新型、外观设计专利的题录、文摘信息。数据库提供 3 个检索对话框，每个对话框提供包括全文、专利名称、申请人、发明人、通讯地址、申请号、申请日期、审定公告号、审定公告日、分类号、主权项、文摘、代理机构、机构地址、代理人 15 个检索字段选择，各对话框之间可进行“与”“或”“非”的布尔逻辑运算。

(4) 中国专利信息网。中国专利信息网(http://www. Patent.com.cn)由国家知识产权局专利检索咨询中心于 1997 年 10 月开发建立，是国内最早通过互联网向公众提供专利信息服务的网站。该网站的中国专利数据库收录了 1985 年以来公开的全部中国发明、实用新型和外观设计的题录和文摘信息。

(5) 中国知识产权网。中国知识产权网(http://www. Cnipr. com)是由国家知识产权局专利文献出版社于 1999 年 10 月创建的知识产权信息与服务网站。该网站的专利数据来源于每周出版的电子版《专利公报》。

(6) 中国专利全文打包下载网站。中国专利全文打包下载网站(https://www.drugfuture.com/cnpat/ cn_patent.asp)基本可以下载已经公开的绝大部分专利全文，检索时输入专利申请号或者公开(公告)号，可直接下载。因此，检索下载专利的通常做法是，先通过其他专利检索网站根据关键词查询到专利申请号或公开(公告)号，再用该打包下载网站进行全文下载，下载界面如图 2-11 所示。

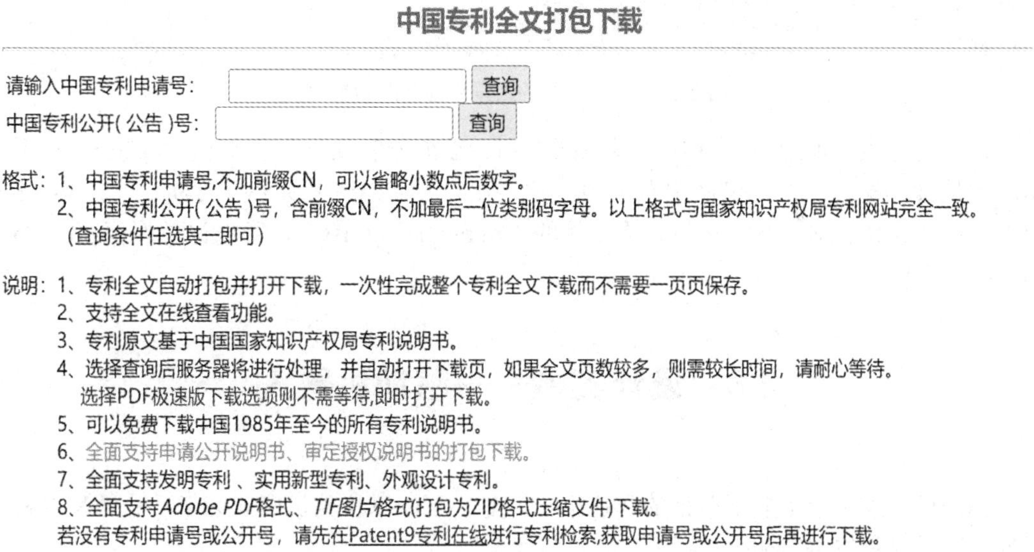

中国专利全文打包下载

请输入中国专利申请号:　查询
中国专利公开(公告)号:　查询

格式: 1、中国专利申请号,不加前缀CN，可以省略小数点后数字。
2、中国专利公开(公告)号，含前缀CN，不加最后一位类别码字母。以上格式与国家知识产权局专利网站完全一致。
(查询条件任选其一即可)

说明: 1、专利全文自动打包并打开下载，一次性完成整个专利全文下载而不需要一页页保存。
2、支持全文在线查看功能。
3、专利原文基于中国国家知识产权局专利说明书。
4、选择查询后服务器将进行处理，并自动打开下载页，如果全文页数较多，则需较长时间，请耐心等待。
选择PDF极速版下载选项则不需等待,即时打开下载。
5、可以免费下载中国1985年至今的所有专利说明书。
6、全面支持申请公开说明书、审定授权说明书的打包下载。
7、全面支持发明专利 、实用新型专利、外观设计专利。
8、全面支持*Adobe PDF*格式、*TIF图片格式*(打包为ZIP格式压缩文件)下载。
若没有专利申请号或公开号，请先在Patent9专利在线进行专利检索,获取申请号或公开号后再进行下载。

图 2-11　中国专利全文打包下载网站界面

(7) 欧洲专利局网站。欧洲专利局网站(http://ep. Espacenet.com/)是由欧洲专利局、欧洲专利组织成员国及欧洲委员会共同研究开发的专利信息网上免费检索系统。该网站提供了自 1920 年以来世界上 80 多个国家公开的专利题录数据库及 20 多个国家的专利说明书。该网站是检索世界范围内专利信息的重要平台。该系统中各数据库所收录的专利来源国家的范围不同，各国收录专利数据的范围、类型也不同。

通过网址进入检索页面(见图 2-12)。该页面左侧列出了以下几种检索方法：快速检索(Quick Search)、高级检索(Advanced Search)、号码检索(Number Search)和欧洲专利分类检索(Classification Search)。可检索以下 3 个数据库收录的专利信息：世界范围专利(数据库)、欧洲专利(数据库)和世界知识产权组织(数据库)。

图 2-12　欧洲专利局数据库检索网站界面

在快速检索界面上可选择在世界范围专利、欧洲专利局、世界知识产权组织 3 个数据库中检索。检索结果列出命中专利的名称、发明人、申请人、公开日期、公开号、IPC 及 EC 分类号等信息。选中专利名称右侧的“in my patent list”，所选记录将保存在“my patent list”中。

2.3　设计实例——移动机器人

移动机器人是一个非常典型的智能机电产品，下面以移动机器人为例，介绍移动机器人的市场需求和技术需求。

2.3.1　移动机器人市场需求分析

网络资源查询：通过百度搜索引擎搜索“移动机器人”关键字，如图 2-13 所示，搜索结果显示各种移动机器人的网站链接。

网站列表中，以移动机器人供应商和移动机器人产品为主，通过这些网站可以对移动机器人领域有个初步的认识。若选择“图片”搜索类型，页面会很直观地展示各种机器人相关的图片，可以通过图片追溯到原网址，然后查看其详细信息。在此基础上，可通过专利检索了解关于移动机器人知识产权保护的相关信息。另外通过哔哩哔哩(B 站)和抖音 APP 等新兴电子媒介搜索相关视频动画也可以快速了解相关行业的情况。条件允许的话，可以通过 YouTube 平台了解国外相关产品的研究现状。

公司网站上通常只展示标准产品的基本情况，如果想了解标准产品的价格、产品技术性能、定制化产品的成本等更加详细的情况，就必须与公司进行电话沟通。对于有意向的公司，可以和对方预约进行实地考察，从而更加全面地了解该公司的情况，增进双方的信任，增加合作的可能性。

图 2-13　百度搜索页面

2.3.2　移动机器人技术需求分析

技术需求分析主要通过文献检索手段进行，下面举例说明使用各种文献检索平台进行技术需求分析的方法。

1．知网文献检索实例

选择主题搜索，在知网文献检索框中搜索“机器人行走机构”关键词，进入检索结果页面，显示相关性较大的一批文献，如图 2-14 所示。

若初步检索结果未能呈现自己需要的文献，可以对检索结果进行筛选。如图 2-15 所示，可以选择文献类型，这里选择博士学位论文。在界面的左侧对发表时间进行筛选，并在右侧点击“相关度”按钮，对论文进行相关度排序。

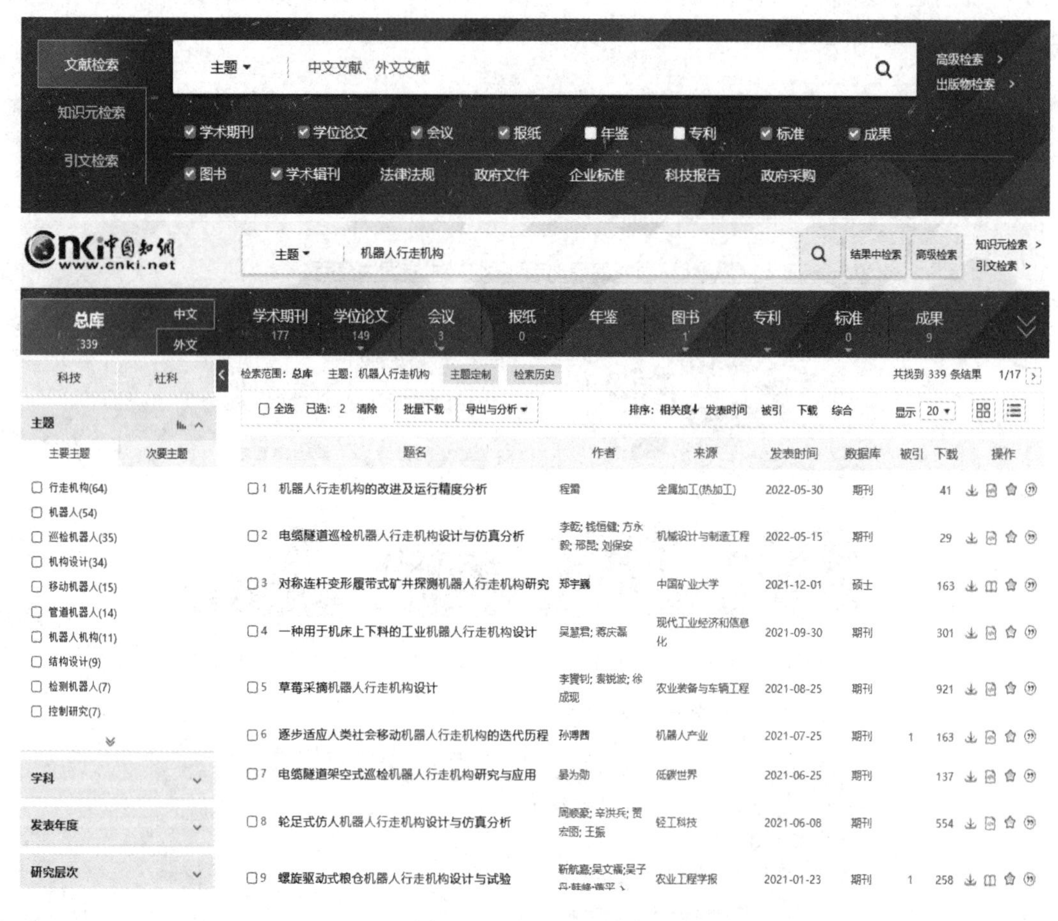

图 2-14　知网简易检索

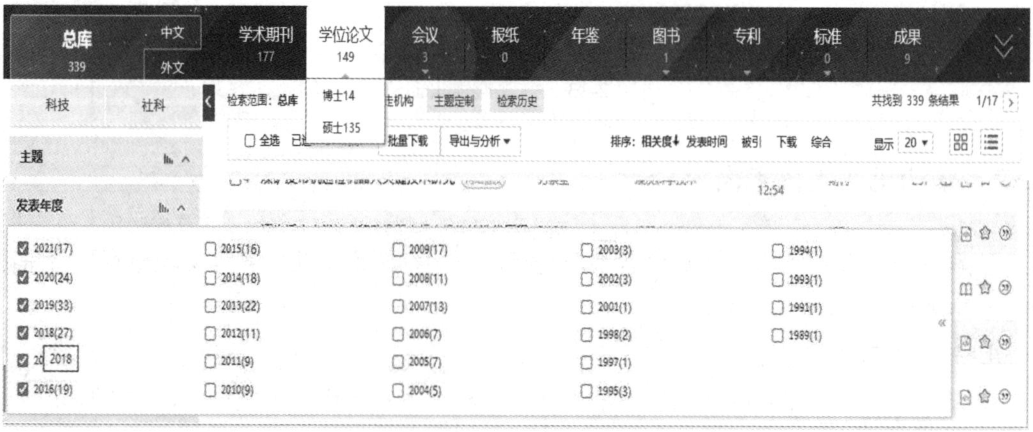

图 2-15　检索结果筛选

相关度排序之后选择列表第一篇论文下载，点击进入第一篇论文，进入论文详情界面，如图 2-16 所示，可以查看论文的详细信息，包括摘要、分类号、文章目录等，还可以预览或者下载全文。

图 2-16　论文详情页面

2. 万方数据文献检索实例

进入文献检索页面，可以在检索框的左边对文献类型进行更改，如图 2-17 所示。此处对主题为“机器人行走机构”的期刊文献进行检索。

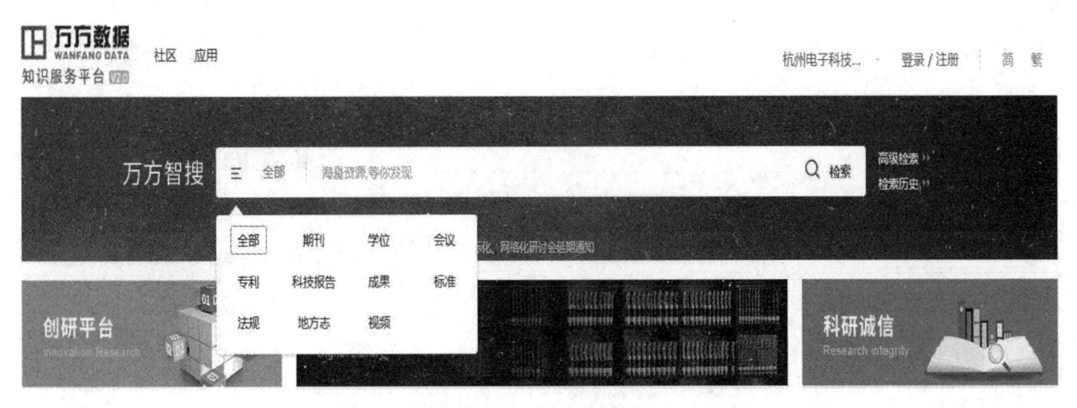

图 2-17　万方检索界面

检索结果如图 2-18 所示，与知网检索类似，也可以在界面的左边对检索结果进行筛选，此时可将学科类型设定为工业技术。选择自己需要的文献，进入文献详情界面，可以查看详情以及下载文献全文。

图 2-18 万方检索筛选

3. Web of Science 检索实例

在 Web of Science 检索界面的检索框左侧“主题”下拉列表中，选择“主题”进行检索，输入“Robot walking mechanism”关键词进行检索，如图 2-19 所示。

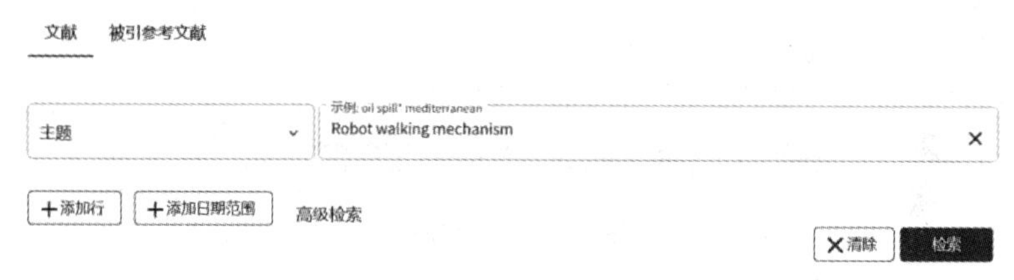

图 2-19 Web of Science 检索界面

进入检索结果页面，对结果进行筛选，如图 2-20 所示，在页面左侧进行数据库选择，在 Web of Science 中，核心合集的文章价值更高，因此可先选择核心合集，再进行相关性排序。

图 2-20 Web of Science 检索结果

选择第一篇文献，进入检索页面，如图 2-21 所示，可以看到论文详细信息，但是找不到下载按钮，说明这篇文献在数据库中只有文摘，须通过其他途径下载全文。如前所述，可以复制论文的 DOI 号，在 SCI-HUB 网站下载。

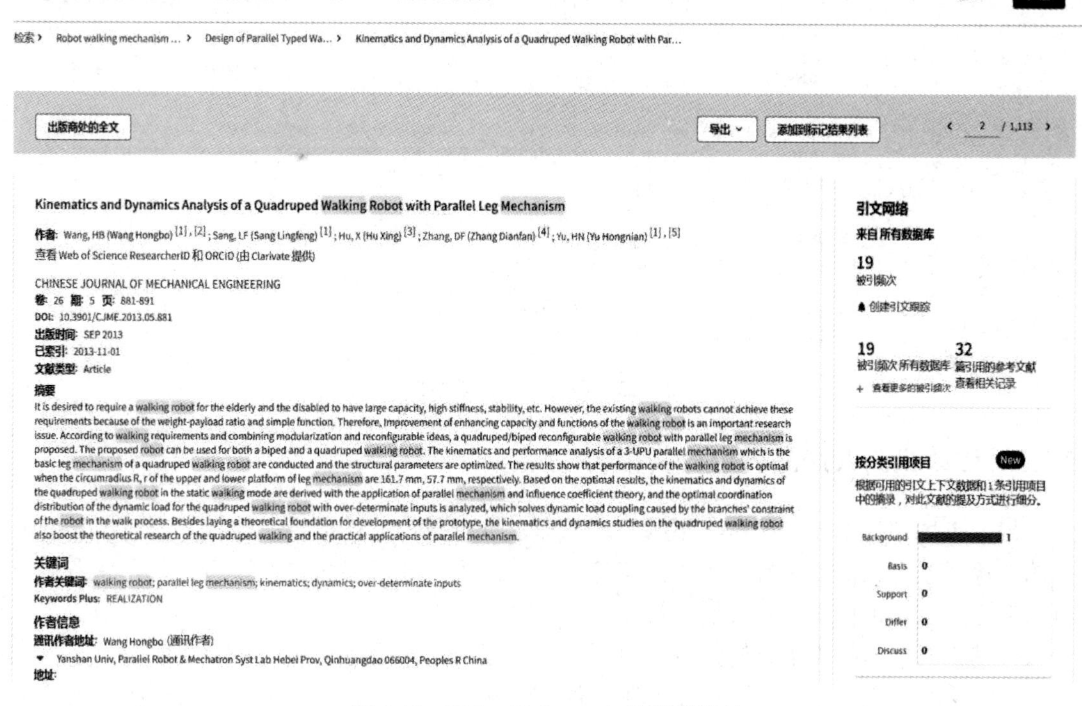

图 2-21　Web of Science 文献详情界面

若文献详情页的左上角显示“出版商处的免费全文”字样，说明数据库已获得该文献的下载权限，可以在“导出”下拉框处选择免费下载，如图 2-22 所示。

图 2-22　Web of Science 文献可下载界面

4. 专利检索实例

可以直接在万方检索界面的文献类型框中，选择专利，输入关键词进行检索。检索结果界面如图 2-23 所示，也可以在左侧对专利检索结果进行精炼并下载专利全文。

图 2-23　万方专利检索结果

2.3.3　移动机器人产品需求分析报告

根据市场和技术需求调研结果撰写产品需求分析报告，该报告在结构上类似于学位论文的绪论或学术论文的引言，不过，绪论或引言注重从技术层面进行综述，而产品需求分析报告更注重对市场调研结果的分析。

移动机器人产品需求分析报告应包括以下几个重点方面：

(1) 移动机器人在全球和国家战略层面的地位、国内外市场规模、产业链现状以及发展前景等宏观市场分析结果。

(2) 对国内外市场同类产品(例如云乐、煜禾森等竞品)的详细分析，包括以各企业愿景为主的战略层、产品核心功能层和视觉表现层等形成的产品核心竞争力，竞品的优缺点和产品运营推广策略等。

(3) 单一和复合移动机器人行走机构的分类、原理和各自优缺点等。

(4) 移动机器人自主定位和导航的激光雷达、视觉和 UWB(Ultra Wide Band，超宽带)等硬件工作原理和软件算法等。

(5) 最终提出产品的重点设计方向和思路，作为产品方案设计的依据。

第 3 章　智能机电产品系统方案设计

3.1　智能机电产品系统方案设计步骤

智能机电产品开发的一般过程包括：产品需求分析、项目规划、产品功能划分、原理方案设计、产品详细设计、产品支持这 6 个阶段。产品需求分析已在上章涉及，本章将对后 5 个设计步骤进行简要介绍。

3.1.1　项目规划

项目规划是指在找到需求之后，对产品的设计过程进行规划，具体包括建立团队、任务分析和时间安排等。

(1) 建立团队。根据产品功能需要，对技术人员进行合理的分配，指定项目总负责人和各模块的负责人，项目总负责人负责整个项目的管理、各模块的协调和资源分配等。

(2) 任务分析。从需求分析中提炼任务目标，确定设计参数及制约条件，给出详细的设计任务书，作为项目实施过程和结果的评价和决策依据。

(3) 时间安排。时间安排指明，在规定的时间内完成规定的任务，可通过甘特(Gantt)图来实现(图 3-1)。

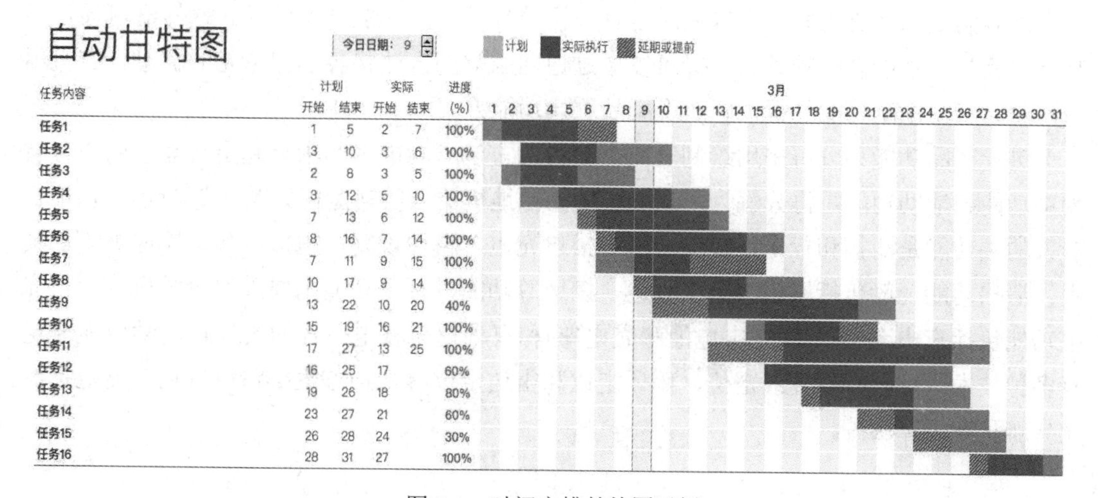

图 3-1　时间安排甘特图示例

项目规划是决定后期设计能否顺利开展的关键。项目规划一般需要在产品详细设计之前完成，首先请相关专业技术人员对用户或市场要求的产品功能进行评定，确定产品的技术参数指标；然后再计算成本，以实现最优设计方案。

为了实现产品设计一致性，需要将产品创新、市场推动等的目标转化为可量化的参数指标。即通过理论分析和逻辑推理，用工程语言描述设计要求，形成产品的规格和性能参数。智能机电产品一般需要的技术参数包括：

① 运动参数：表征产品工作部件运动轨迹、行程、速度、加速度等。

② 动力参数：表征产品为完成加工动作应输出的力、力矩、功率等。

③ 品质参数：表征产品工作的运动精度、动力精度、稳定性、灵敏度、可靠性等。

④ 智能参数：表征产品的智能程度，即所能感知的物理量种类、数量和智能算法的层次。

⑤ 环境参数：表征产品工作的环境，如温度、湿度、输入电源等。

⑥ 结构参数：表征产品的空间几何尺寸、结构、外观造型等。

⑦ 界面参数：表征产品的人机对话方式和功能。

3.1.2 产品功能划分

在获得详细的设计任务书后，需进一步对设计任务进行分解得到产品的各功能模块。功能与产品设计间存在因果关系。具体来说，根据系统的总功能要求和构成系统的功能要素，进行总功能分解，划分出各功能模块，确定它们之间的逻辑关系；在此基础上，对各功能模块输入/输出关系进行分析，确定功能模块的技术参数和控制策略、系统的外观造型和总体结构；最后，以技术文件的形式交付设计组讨论、审定。

产品功能划分是为了对产品的功能进行深入、细致的分析，设计人员需要按照系统分解的方法分解产品的功能。把产品总功能根据优先级划分为主功能(即系统功能)和辅助功能(包括各个功能单元)，再将各个功能单元进一步分解为各个子功能。因为产品的各个功能之间有明确的递进关系，可以利用这种关系建立“产品功能结构图”。这样既可显示各功能单元与总功能之间的关系，又可以通过逆向求解的方法将各功能单元的解进行有机组合，从而求得系统功能的解，即实现产品总体功能方案。

进行产品功能划分可采用绘制产品功能树的方法。功能树的顶端起于产品，向下分解为主功能和辅助功能，再分解为子功能。例如扫地机器人的功能树如图 3-2 所示。扫地机器人的主功能是清扫和行走，辅助功能包括自充电、路径规划、虚拟墙和碰撞保护等。其中，清扫功能一般包括刷扫、真空吸尘、擦地等功能，行走功能主要采用轮式机构；自充电功能包括充电元器件(即充电电池和充电座)和自动返航充电原理的设计，自动返航充电有多种技术原理，有红外线定位、蓝牙定位和雷达定位等几种方案；路径规划功能包括激光导航和规划算法等。

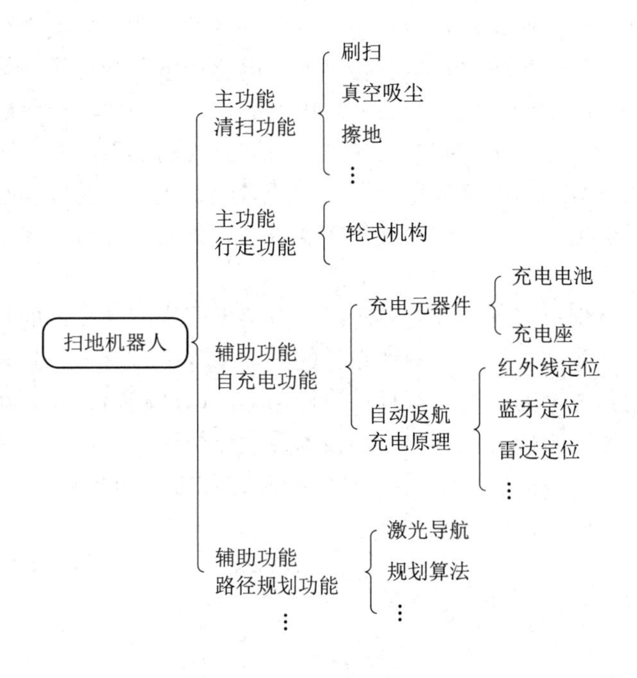

图 3-2　扫地机器人的功能树

3.1.3　原理方案设计

原理方案设计是整个设计过程中最重要的一步，通过产生多个产品的原型，确定出最优原型，设计原理方案。首先还是要分析该产品要实现哪些功能，每个功能要怎样来实现，实现这些功能的方法都有哪些。比如要实现分选电池，可以根据几何尺寸形状分选，也可以根据图像分选，还可以根据电量分选。对每一个功能进行上述分析步骤，列出每个功能可能的实现方法，最后综合考虑成本、性能和实现难易程度等因素来选出最佳的设计方案。

完整的智能机电产品主要包括机械结构、传动与执行机构、智能感知、控制系统和动力源五个方面组成，上述组成要素之间通过运动、力和信息等相互关联，形成一个有机融合的完整系统，如图 3-3 所示。上述五个部分是智能机电产品设计的主要内容，也是本书章节安排的主要依据。

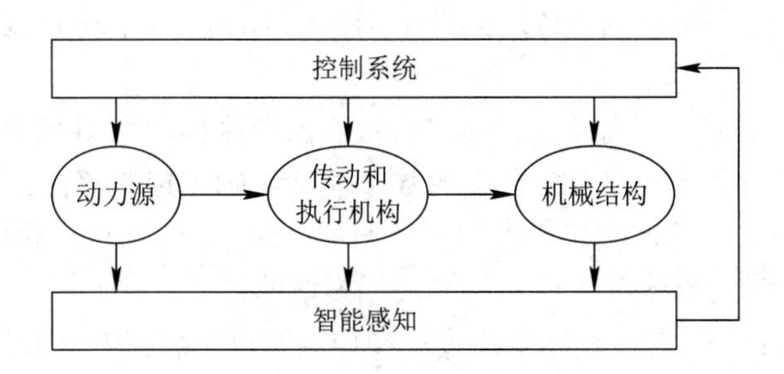

图 3-3　智能机电产品系统组成

针对智能机电产品的某一功能可以提出多种设计方案，譬如，要实现智能小车的移动功能，可以采用轮式行走、履带式行走和足式行走等多种方式；要实现金属元件的检测，可以采用光电传感器、霍尔传感器、电容传感器、电感传感器和摄像头等多种检测设备。但若要将产品的多种功能结合在同一个智能机电产品中，则需要综合考虑哪个功能是整个产品的主要功能，该功能可以用哪些方式实现，不同方式的实现成本差距多少，不同方式对产品的性能有哪些影响等；综合考量不同方案的难度、成本、精度和时间进程等各方面因素后确定整个智能机电产品的主体功能的实现方案。最后，针对具体子功能的实现进行优化分析。

纵观系统的设计流程，设计过程的各阶段均贯穿于围绕产品设计的目标所进行的“基本原理—总体布局—细部结构”三次循环设计的各个步骤中。每一个阶段均构成一个循环体，即以产品的规划和讨论为中心的可行性设计循环；以产品的最佳方案为中心的概念性设计循环；以产品性能和结构优化为中心的技术性设计循环。循环设计使产品设计在可行性规划和论证的基础上求得概念上的最佳方案，再在最佳方案的基础上求得技术上的优化，使系统设计的效率和质量大大提高。

3.1.4 产品详细设计

产品详细设计阶段根据设计目标，将原理方案具体化、参数化、实物化。对于硬件产品的设计，主要表现为具体的设备、装置或电路板的设计；对于软件产品的设计，主要表现为具体的应用子程序或软件包的设计。这个阶段的工作量较大，包括机械、电气、电子、控制与计算机软件甚至算法等系统的设计，又包括总装图和零件图的绘制。应尽量应用各种设计工具以提高工效，但要注意各种软件之间的兼容性。设计应尽量模块化和结构化，以利于改进产品或作为产品换代时的参考。

对各功能模块进行机械结构设计，确定各部件之间的传动方式、连接关系，确定零部件的尺寸，并绘制相应的工程图。对于有相对运动关系的部件，采用三维造型软件和运动仿真软件进行仿真计算，消除设计中可能存在的运动干涉，并模拟验证运动结构的工作范围。之后，经过仿真分析计算，确定系统装配关系，绘制完整的装配图和零件图。

首先，对机械传动机构(将动力从机器的一部分传递到另一部分，使机器或某一部件运动的构件或机构)进行设计。机械传动机构的主要功能包括：改变动力机输出转矩以满足工作机的要求；把动力机输出的运动转变为执行器所需的形式，如将旋转运动改变为直线运动或反之；将一个动力机的机械能传送到数个工作机上或将数个动力机的机械能传送到一个执行器上。

其次，对系统进行控制方式设计，确定系统的控制流程图和系统的网络连接关系图。对于有过程控制要求的系统应建立各要素的数学模型，确定控制算法；确定各功能模块之间接口的输入/输出参数，确定接口设计的任务归属；然后，以功能模块为单元，对系统的控制器、原动机、检测元器件及执行元件等进行模块的选型及采购。

初步选定控制器后，须进行具体电路设计和控制程序编程。电路设计包括绘制原理图、配电图、控制器接线图、网络关系图、操控面板图、面板接线图、输入/输出接口定义表、控制柜图、元器件布置图等。

3.1.5　产品支持

产品支持阶段包括产品设计实施和工艺设计定型两个阶段。

1. 产品设计实施

产品设计实施阶段一般将机械结构安装和电气结构安装独立进行。机械设计人员根据产品零件的加工工艺和企业内部的加工能力决定采用外协加工或企业内部加工。达到加工技术要求的零件按照装配图的连接关系组装成完整的机械结构。对于需要固定安装的大型设备结构，还需打地基和进行设备固定。

电气施工前，要采购必需的控制、检测、驱动、信号显示、电路连接、线缆等元器件，以及智能装备的控制柜等。根据元器件布置关系图将各种检测传感器、驱动电机等元器件固定安装在机械结构上。根据接线图对控制柜进行元件安装与接线。

当机械结构和电气结构完成所有安装、固定工作后，可针对各功能模块单机分别进行独立调试；各功能模块独立调试通过后再进行系统整体安装、调试，复核系统可靠性和抗干扰性，使系统逐渐调试到稳定状态。

2. 工艺设计定型

对调试成功的系统进行工艺设计定型，整理出完善的设计图、软件清单、零部件清单、元器件清单及调试记录；编写用户使用说明书和设计说明书，把产品从设计到制造的全过程的文件都整理存档，为产品投产时的工艺设计、材料采购和销售提供技术资料支持。

注意：编写用户使用说明书时，要用通俗易懂的语言进行编写，不要使用专业名词。有知识产权保护要求的创新设计还要申请专利保护。

3.2　核心功能可行性验证

3.2.1　核心功能可行性验证的重要性

总体方案确定过程中，对核心功能的可行性验证是一个必不可少的关键步骤，也是整个研发项目的基石，在很大程度上对研发结果的成败起着决定性的作用。核心功能可行性验证的成功，也可增加研发人员继续开展项目的信心。

对于综合性较强的产品，其核心功能可能不止一个，可分为结构、材料、运动、力、智能感知和算法等多种核心功能，可分别进行验证。举例来说，智能机电产品的总体方案确定后，首先会对其运动进行分析，运动分析的任务是在已知机构尺寸和原动件运动输入的情况下，确定机构中其他构件上某些点的轨迹、位移、速度和加速度，或者某构件的角位移、角速度及角加速度。运动分析可以分析、标定机构的性能指标，通常至少需要进行位移轨迹分析、速度分析以及加速度分析。

① 位移轨迹分析。确定能否实现预定位置、轨迹要求，确定行程、运动空间，是否发

生干涉，确定外壳尺寸。

② 速度分析。速度分析是确定机器动能和功率的基础，了解从动件速度的变化能否满足工作要求。

③ 加速度分析。确定惯性力，保证高速机械和重型机械的强度、振动和动力性能良好。

运动分析可以通过画机构简图或者三维图进行(即图解法)，具有形象直观、简单方便、但精确度有限的特点。

3.2.2 核心功能可行性验证实例

挖掘机的运动是挖掘机设计中要实现的核心功能之一，如图 3-4 所示，O_3B 为液压油缸，O_2O_3 为机架，O_2B 为大臂，O_4B 为前臂，O_4 为挖斗，分析挖掘机的运动状态，了解挖掘机挖斗的运动范围。

画出挖掘机的机构简图，得到各个构件之间的位置关系，通过分析得到挖掘机挖斗的运动空间，该方法为解析法。解析法的计算精度高，该方法可直观对机构一个运动循环过程进行分析，且便于把机构分析和机构综合问题联系起来，以寻求最优方案，但其数学模型复杂，计算工作量大。近年来，随着计算机的普及和数学工具的日臻完善，解析法已得到广泛的应用。运用图解法与解析法对核心功能进行可行性验证后，我们还可以通过运动仿真研究对机构做进一步验证。该过程可以借助 SolidWorks 的 Motion 插件进行机构的运动仿真，并可输出机构运动动画来直观地呈现机构的运动状态。进一步地，若需进行机构的动力学分析可以使用 Adams 软件，材料的应力应变仿真可使用 ANSYS 或者 ABAQUS 软件，但是精度越高，有限元仿真计算所需的时间就越长，而且很难将实物实验中各种干扰的非线性因素考虑进去。

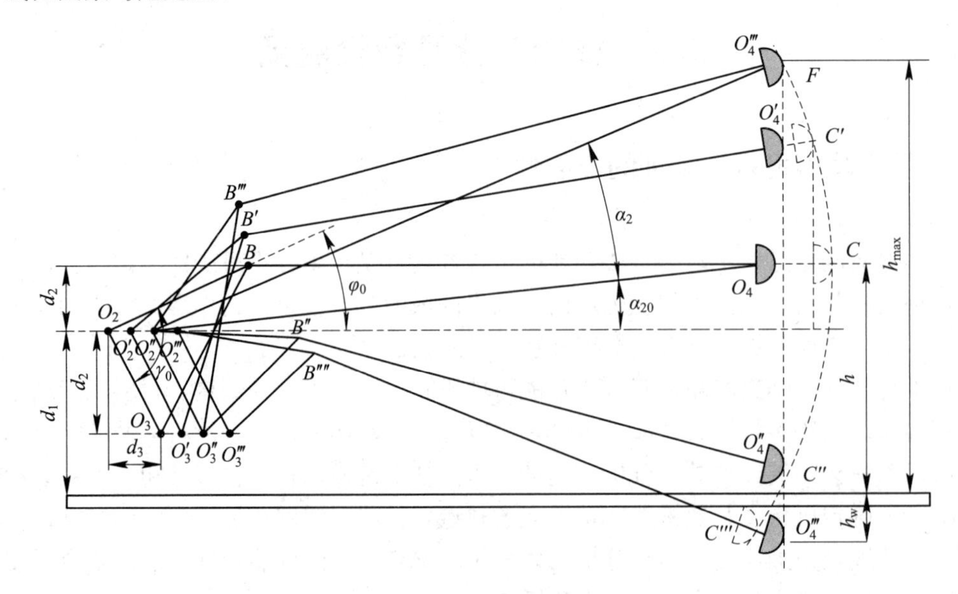

图 3-4 挖掘机机构简图

3.3　智能机电产品系统方案设计实例

3.3.1　设计实例 1——两轮自平衡小车

自平衡小车是一种多功能智能小车，其工作原理是通过智能控制系统控制一组伺服电机的运动，使小车实现直立行走，且在受到不平衡外力时，小车通过自身调节依然保持不倒。很多重要理论或方法的提出都源于某个很普遍的生活现象，自平衡小车便是如此。平衡小车实现的原理其实源于人的生活经验：一般人通过简单的练习可以使木棒在指尖上直立而不倒，练习的时候需要关注的两个要点：一是指尖可以带木棒一起移动，二是通过眼睛观察木棒的倾斜角度和趋势(角速度)。通过指尖的移动去抵消木棒倾斜的角度和趋势，以及通过不断往复调节使木棒实现动态的直立不倒，这两个条件缺一不可。木棒平衡原理利用的是控制过程中的负反馈机制(说明见图 3-5)。

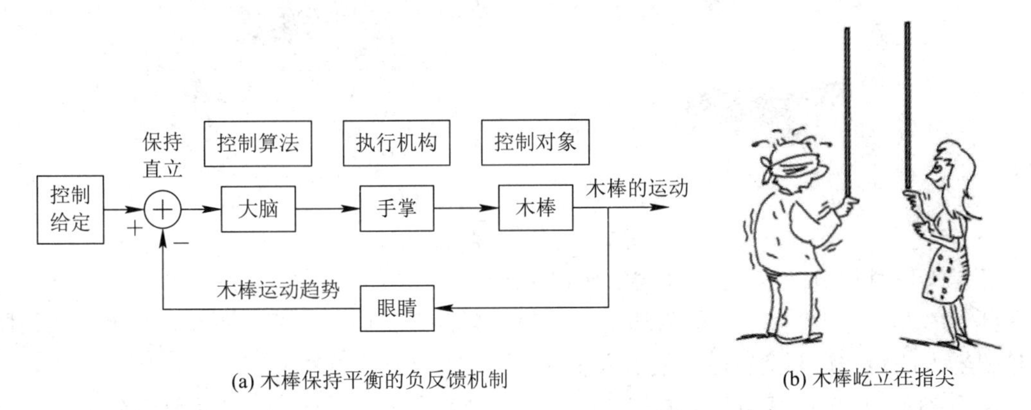

(a) 木棒保持平衡的负反馈机制　　(b) 木棒屹立在指尖

图 3-5　木棒平衡原理

人很难蒙着眼睛实现木棒在指尖上直立不倒，根本原因是若没有眼睛的负反馈，就不知道木棒的倾斜角度和趋势。基于相同的原理，自平衡小车必须通过负反馈实现动态平衡，与保持木棒直立相比，小车自平衡原理相对简单，因为小车有两个轮子着地，车体只会在轮子滚动的方向上发生倾斜。因此，只要控制轮子转动，抵消车体在一个维度上倾斜的趋势，便可以保持车体平衡了(见图 3-6)。

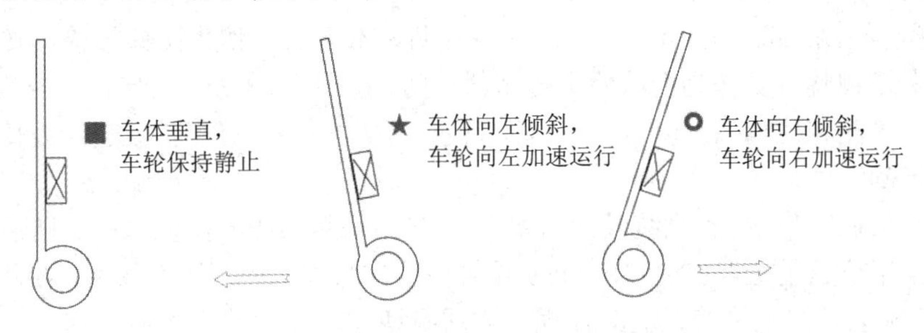

图 3-6　小车自平衡原理

运用上述原理的关键是，通过传感器实时检测小车的倾角和倾角速度来控制小车车轮的加速度，从而消除小车的倾角。因此，小车倾角以及倾角速度的测量成为控制小车直立的关键，本书平衡小车实例选用亚博智能的平衡小车产品进行介绍，该产品使用了测量倾角和倾角速度的集成传感器陀螺仪——MPU6050。

3.3.2 设计实例 2——扫地机器人

扫地机器人是一种生活中非常常见且典型的智能机电产品，通常由以下几部分组成：移动机构、感知系统、控制系统、吸尘机构、清扫机构、擦地机构和电源系统等。移动机构是扫地机器人的主体，决定了机器人的运动空间，一般采用轮式机构。感知系统一般采用超声波测距仪、接触和接近传感器、激光雷达和 CCD(电荷耦合器件)摄像机等。吸尘系统一般包括边刷、滚刷、吸尘口和拖布。扫地机器人的正背面结构示意图如图 3-7 所示。

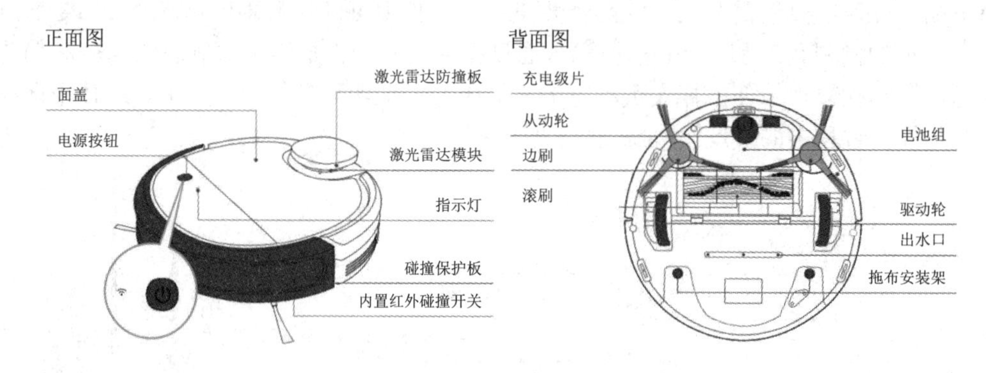

图 3-7 扫地机器人结构

正常工作时扫地机器人的工作流程如下：

(1) 移动。使机器人在平面内移动，一般包括一个方向轮和两个驱动轮，方向轮控制扫地机器人的转向，驱动轮驱动机器人平移。

(2) 清扫。用电机带动两个清扫边刷，左面清扫刷顺时针转动，右面逆时针转动，将清扫的灰尘集中于吸风口处，为吸尘机构的工作作准备。

(3) 吸尘。吸尘电机和滚刷装置配合，在吸尘口下方设计滚刷，利用吸尘电机的强大吸力，将灰尘吸入集尘盒中。

(4) 擦地。擦地功能需要配备水箱、拖布、渗水系统，在清扫、吸尘之后，利用安装在壳体后方的清洁拖布实现擦地功能，实现扫擦一体。

扫地机器人的主要技术方案如下：

(1) 传感与检测。壳体前端和侧面装有红外防碰撞开关，作为防碰撞检测传感器。底面的 3 个红外防碰撞开关作为台阶检测传感器，防止跌落。驱动轮上装有光电编码盘，可以对轮速进行检测和控制，实现定位和路径规划。同时还安装有可扩展超声波传感器，用于障碍物的精确定位。

(2) 控制系统设计。控制系统设计需要设计清扫路径、APP 操控系统、防碰撞、防跌落算法等，常用仿卫星三点定位室内 GPS 导航技术，基本的控制流程如图 3-8 所示。

(3) 路径规划。扫地机器人的路径规划方法有两种，一种称为随机覆盖法，也称为随

机碰撞式导航。当机器人遇到障碍时，会执行对应的转向函数，该方法不用定位，也无须构建环境地图。另一种则是完全覆盖区域的路径规划，该方法需要机器人预先构建环境地图，从而规划出一条最大程度遍布所有可达区域的路径。

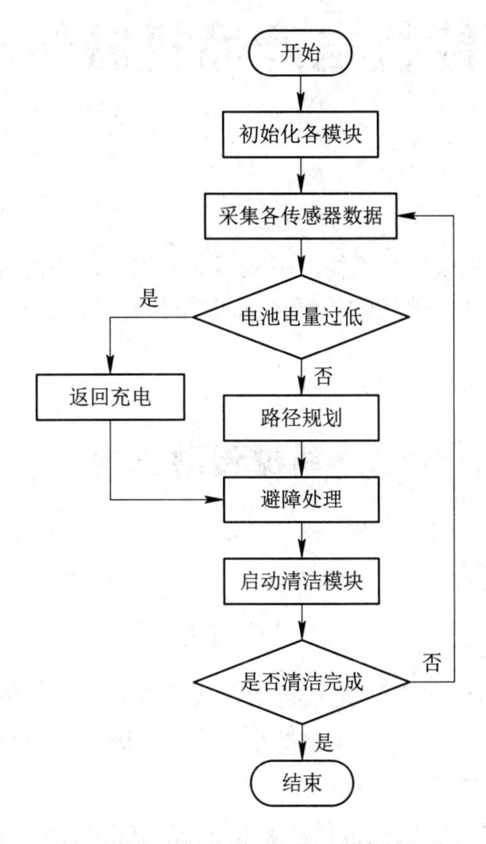

图 3-8 扫地机器人控制流程

第 4 章　智能机电产品机械传动系统设计

机械传动系统通常由机械传动机构、机械驱动机构和动力源等几部分组成。机械驱动机构可将动力源提供的源动力传递给机械传动机构(包括运动执行部件)，实现预定的轨迹或功能。

4.1　机械传动机构

4.1.1　机械传动机构简介

1. 机械传动机构定义

机械传动机构(也称为传动装置)是指把动力从装置的一部分传递到另一部分，使运动执行部件运动或运转的构件或机构，是智能机电产品机械结构的核心部分。

2. 机械传动机构的重要性

智能机电产品一般都需要原动机供给给定形式的能量(绝大多数是机械能)来进行工作。但是把原动机和运动执行部分直接连接起来的情况较少，两者之间通常需要加入传递动力或用来改变运动状态的传动装置。使用机械传动机构的主要原因包括以下几点：

(1) 运动执行部件所需的速度与原动机的最优速度不符合，需增速或减速(一般为减速)。此外，原动机的输出轴通常只做匀速回转运动，但运动执行部件所要求的运动形式却是多种多样的，如直线运动、间歇运动等。

(2) 运动执行部件有时需要进行实时的速度调整，而通过调整原动机的速度来实现上述需求往往是不经济的，甚至是很难实现的。

(3) 运动执行部件有时需要用一台原动机带动若干个工作速度不同的装置。

(4) 由于对工作安全性、维护方便性和机器的外廓尺寸等方面的要求，通常也不能把原动机和运动执行部件直接连接在一起。

由此可见，传动装置是大多数智能机电产品的主要组成部分。实践证明，传动装置的优劣对整个系统的质量和成本有较大影响，机器的工作性能和运转费用也在很大程度上取决于传动装置的优劣。因此，不断提高传动装置的设计和制造水平具有极其重要的意义。

3. 机械传动机构的分类

按照工作原理的不同，机械传动机构可分为以下两种：

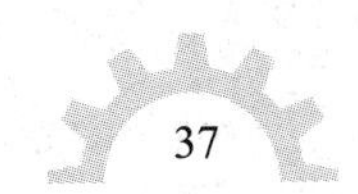

(1) 机械能不改变为其他形式的能的传动——机械传动(指广义的机械传动)，机械传动又分为摩擦传动、啮合传动、液力传动和气力传动。

(2) 机械能改变为电能，或电能改变为机械能的传动——电传动。

智能机电产品往往需要综合运用上述某些传动组成复杂的传动系统，以满足对系统性能提出的复杂要求。本节以机械传动中的摩擦传动与啮合传动为例，简要介绍机械传动的选型与设计。摩擦传动与啮合传动的形式很多，发展迅速，高速、大功率或大传动比的传动技术层出不穷。一般机械传动的主要分类如图 4-1 图所示。

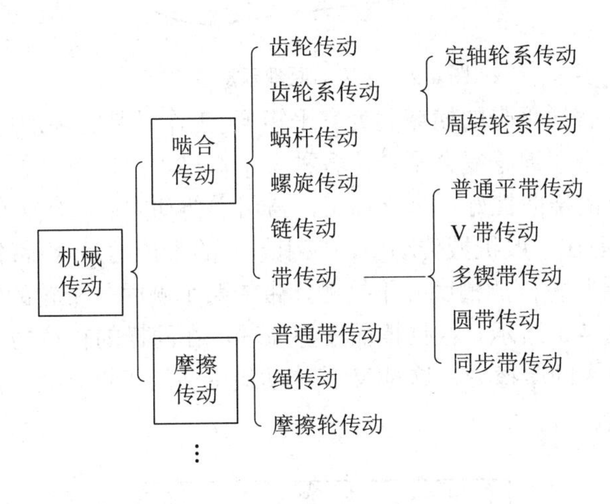

图 4-1　机械传动机构分类

4.1.2　机械传动机构类型及原理

根据传动原理的不同，机械传动可分为摩擦传动和啮合传动两大类。

1. 摩擦传动

摩擦传动可分为普通带传动、绳传动和摩擦轮传动。摩擦传动利用传动带与带轮之间的摩擦力来传递运动和动力。

2. 啮合传动

啮合传动包括带传动、链传动、齿轮传动、蜗杆传动等。

1) 带传动

啮合传动中的带传动是指同步带传动，同步带传动依靠带上的齿与带轮上齿槽的啮合作用来传递运动和动力。带传动是近代机械中广泛应用、成本较低的一种动力传动装置，具有缓冲吸振和过载保护功能，传动平稳。带传动通常由主动轮、张紧在两轮上的环形带和从动轮组成，使用环形带(作为中间挠性件)来传递运动和动力，适用于两轴中心距较大的场合，带传动原理示意图如图 4-2 所示。

按横截面形状不同，带传动可分为普通平带传动、V 带传动和特殊截面带传动三大类。特殊截面带传动包括多楔带传动和圆带传动等。

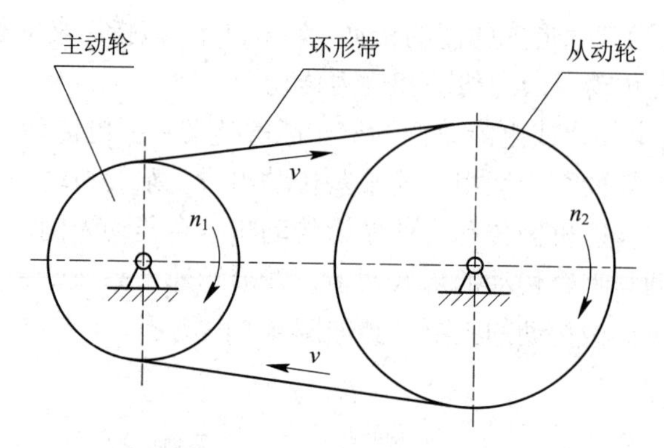

图 4-2　带传动原理示意图

① 普通平带传动。普通平带的横截面为扁平矩形，工作时带的环形内表面与轮缘接触。平带有胶帆布带、编织带和锦纶复合平带，各种平带规格可查阅有关标准。普通平带传动结构最简单，而且平带的挠曲性好，易于加工，常用于传动中心距较大的场合。

② V 带传动。目前在一般机械传动中，应用最广的带传动是 V 带传动，V 带的横截面为梯形，工作时 V 带与轮槽的槽底并不接触，带的两个侧面与带轮的轮槽接触，即以两个侧面为工作面，如图 4-3 所示。根据槽面摩擦原理，在同样的初拉力下，V 带传动相对于平带传动，能产生更大的摩擦力，这是 V 带传动最主要的优点。此外，V 带传动的传动量比较大，结构更紧凑。

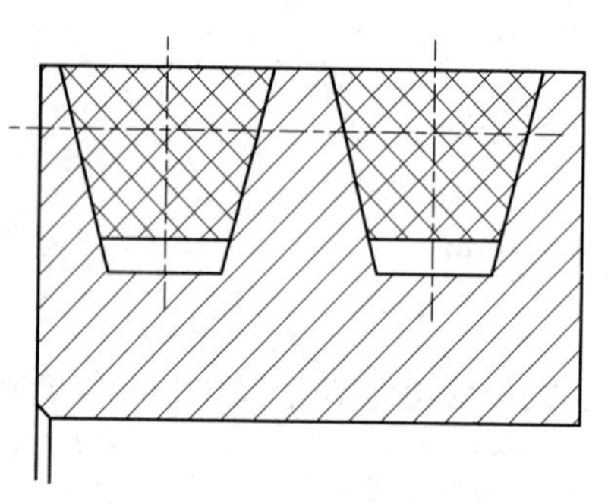

图 4-3　V 带传动截面图

③ 多楔带传动。多楔带是在平带基体上由多根 V 带组成的传动带，可传递很大的功率，其传动截面图如图 4-4 所示。

④ 圆带传动。圆带的横截面为圆形，只用于小功率传动，常用于仪器和家用器械中。

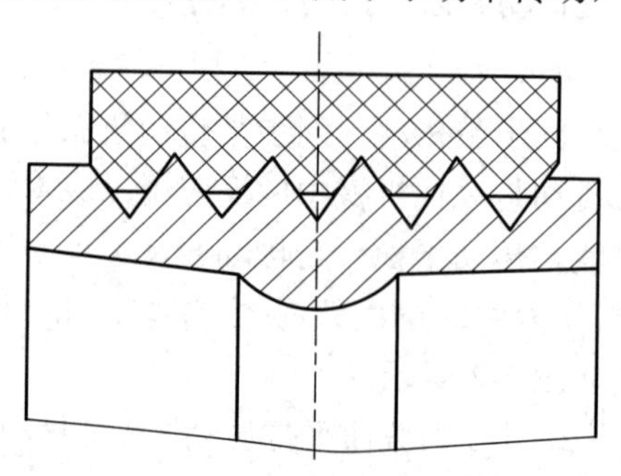

图 4-4　多楔带传动截面图

⑤ 同步带传动。同步带传动是近年来发展较快的一种啮合传动，兼有带传动和齿轮传动的优点，应用范围越来越广泛。同步带以钢丝绳为强力层，外面用氯丁橡胶或聚氨酯包覆，钢丝绳的横截面为矩形，工作面是具有等距横向齿的环形传动带。带轮轮面制成与环形传动带对应的齿形，工作时靠带齿与轮齿的啮合来传递运动和动力。在未过载的情况下，由于钢丝绳在承受载荷后仍能保持同步带的节距不变，故带与带轮之间无相对滑动，能保持两个带轮的圆周速度同步。当带在纵截面内弯曲时，在带中保持原长度不变的周线称为节线，节线长度为同步带的公称长度。在规定的初拉力下，带在纵面上相邻两齿的对称中心线间的直线距离称为带的节距，它是同步带的一个主要参数。

同步带的优点：传动比较大($i<12\sim20$)且可靠性高，结构紧凑，传动效率较高(约为 0.98)；由于自重小、强力层强度高，允许带速较高，可达 50 m/s；传动功率较大，可达数百千瓦，而且初拉力小，作用在轴和轴承上的压力也小。

同步带的缺点：带及带轮制造、安装要求高，价格较贵。

同步带传动多用于三维打印机、计算机、放映机、录音机和纺织机等，应用日益广泛。

2) 链传动

链传动是一种广泛应用于各种机械的传动形式，它由大链轮、小链轮和链条三部分组成，两链轮分别安装在相互平行的两轴上。链传动与带传动有相似之处，链轮齿与链条的链节啮合，其中链条相当于带传动中的挠性带，但又不是靠摩擦力传动，而是靠链轮齿和链条之间的啮合来传递运动和动力。因此，链传动是一种具有中间挠性件的啮合传动。

链的种类繁多，按用途不同，可分为传动链、起重链和输送链三大类。根据结构的不同，传动链又可分为套筒链、滚子链、弯板链和齿形链等。在链条的生产和应用中，传动用短节距精密滚子链占有支配地位。

链传动的主要优点：与摩擦型带传动相比，链传动没有弹性滑动和打滑现象，传动比恒定，传动效率较高，润滑良好的链传动的效率为 97%～98%；链条不像带那样张得很紧，所以链条传动的压轴力较小；在同样的条件下，链传动的结构较紧凑，在远距离传输时结构较为轻便；链传动能在高温、灰尘多、淋水、淋油等恶劣环境下工作；与齿轮传动相比，链传动的制造与安装精度要求较低，因而成本低廉。

链传动的主要缺点：运转时瞬时传动比不恒定，传动的平稳性差；工作时冲击和噪声较大；链节易磨损而使链条伸长，从而造成跳齿，甚至脱链；只能用于平行轴间的传动，不适于过小的轴间距和有急速换向的传动场合。

链传动的应用：链传动主要用于要求工作可靠且两轴相距较远的场合，以及其他不宜采用齿轮传动或带传动且工作条件恶劣的场合，如农业、建筑、石油、采矿、起重、金属切削机床、摩托车和自行车等。

3) 齿轮传动

齿轮传动是现代机械中应用最广泛的一种传动形式，它主要用来传递两轴之间的运动和动力，并可改变转动速度大小和转动方向。齿轮传动的类型很多，可以从以下几个不同角度进行划分。

(1) 按照传动比是否恒定，分为定传动比的圆形齿轮传动和变传动比的非圆形齿轮传动。定传动比的圆形齿轮传动，是目前应用最广泛的一种；变传动比的非圆形齿轮传动，仅在某些特殊机械中使用。

(2) 按照齿轮轮体形状，分为圆柱齿轮传动和锥齿轮(也叫伞齿轮)传动。

(3) 按照齿轮轮齿的齿形曲线，分为渐开线齿轮传动、摆线齿轮传动和圆弧齿轮传动。渐开线齿轮传动中，齿轮的齿形曲线为渐开线，这种齿形的齿轮加工、安装方便，应用最广泛；摆线齿轮传动中，齿轮的齿形曲线为摆线，这种齿轮对加工、安装的精度要求较高，在一些精密的仪器仪表中经常使用，如指针式钟表等；圆弧齿轮传动中，齿轮的齿形曲线为圆弧，这种齿轮承载能力较大，常用于矿山、水利、筑路等工程机械。

(4) 按照两齿轮轴线的相对位置关系，分为平面齿轮传动和空间齿轮传动。平面齿轮传动，两齿轮轴线平行；空间齿轮传动，两齿轮轴线相交或空间交错。

(5) 按照齿轮轮齿所在表面，分为外齿合传动、内齿合传动和齿轮齿条传动。外齿轮是指齿轮的齿加工在圆柱体或圆锥体的外表面上。内齿轮指齿轮的齿切设置在圆柱孔或圆锥孔的内表面上。当齿轮的半径趋于无穷大时，齿轮的圆周趋于直线状，如取其中一部分，齿轮则演变成齿条。两个外齿轮相互啮合称为外啮合传动，一个外齿轮与一个内齿轮相互啮合称为内啮合传动，一个外齿轮与一个齿条相互啮合称为齿轮齿条传动。

(6) 按照齿轮传动的工作条件，分为开式齿轮传动、半开式齿轮传动和闭式齿轮传动。开式齿轮传动的齿轮完全暴露在工作场所，外界的灰尘和杂物等容易落入轮齿啮合区，润滑条件比较差，易引起齿面磨损，开式传动多用于低速和不重要的场合；半开式齿轮传动大多浸入油池内并装有简单的防护罩，较开式齿轮工作条件要好一些，但是仍然难以避免杂物等侵入齿面；闭式齿轮传动封闭在具有足够刚度的密封箱体内，可保证良好的润滑条件和工作要求，重要的齿轮传动都应该采用闭式齿轮传动。

齿轮传动的优点：能保持恒定的传动比；效率高，齿轮传动效率可达 0.94～0.99，而其他类型的机械传动一般很难达到这样高的效率；适用的功率与圆周速度范围大，齿轮传动的功率可从微瓦数量级(如钟表中的齿轮)到数十万千瓦数量级(如大型水电厂机组中的齿轮)，圆周速度可从 μm/s 的数量级到 100 m/s 的数量级；使用寿命长，齿轮传动的寿命可达 10～20 年；结构紧凑。在传动功率相同的条件下，齿轮传动的几何尺寸一般只有带传动几何尺寸的 1/6～1/7。

齿轮传动的缺点：齿轮制造和安装精度要求高，成本也较高；相比其他形式传动，传动时机械振动程度、噪声大；不宜用于两轴之间距离较大的传动，运行维护较复杂。

4) 蜗杆传动

在机械传动中，常需要进行空间交错轴之间的传动，并且，在要求传动比大的同时，也希望传动机构的结构紧凑，则采用蜗杆传动机构可以满足上述要求。蜗杆传动机构主要由蜗杆和蜗轮组成，用于传递空间交错两轴之间的运动和动力，通常轴间交角为 90°。一般情况下，蜗杆为主动件，蜗轮为从动件。蜗杆传动广泛应用于机床、汽车、仪表、起重运输机械和冶金机械等，其最大传动功率可达 750 kW，但通常用到的传动功率为 50 kW 以下。

蜗杆传动具有以下优点：

(1) 蜗杆传动的最大特点是结构紧凑、传动比大。在动力传动中，单级传动比可达 8～100，常用 15～50；若只传递运动(如分度运动)，其传动比可达 1000。

(2) 啮合的齿对数较多，工作平稳、噪声较小。由于蜗杆的齿是连续不断的螺旋齿，蜗轮轮齿和蜗杆是逐渐进入啮合并退出啮合的。

(3) 可制成具有自锁性的蜗杆。当蜗杆的螺旋线升角小于啮合面的当量摩擦角时，蜗杆传动可以实现反行程自锁。

蜗轮传动的主要缺点如下：

(1) 蜗杆传动的主要缺点是传动效率较低。这是由于蜗轮和蜗杆在啮合处有较大的相对滑动速度，因而发热量大，在制造精度和传动比相同的条件下，蜗杆传动的效率比齿轮传动的低。当蜗杆具有自锁性时效率更低。

(2) 蜗轮材料造价较高。为减轻齿面磨损及防止胶合，蜗轮多用价格较贵的青铜制造。

5) *螺旋传动*

螺旋传动是利用螺杆和螺母组成的螺旋副来实现传动功能，将回转运动转化为直线运动，同时传递运动和动力。根据螺杆和螺母的相对运动关系，螺旋传动的常用运动形式主要有以下两种：

① 螺杆转动，螺母移动，多用于机床的进给机构中。

② 螺母固定，螺杆转动并移动，多用于螺旋起重器(千斤顶)或螺旋压力机中。

螺旋传动按其用途不同，可分为以下 3 种类型：

① 传力螺旋。以传递动力为主，要求以较小的转矩产生较大的轴向推力，用以克服工件阻力，如各种起重或加压装置的螺旋。这种传力螺旋需要承受很大的轴向力，一般为间歇性工作，每次的工作时间较短，工作速度也不高，而且通常需要有自锁能力。

② 传导螺旋。以传递运动为主，有时也承受较大的轴向载荷，如机床进给机构的螺旋等，常常需要在较长的时间内连续工作，工作速度较高，因此要求具有较高的传动精度。

③ 调整螺旋。用以调整、固定零件的相对位置，如机床、仪器及测试装置中微调机构的螺旋，调整螺旋不经常转动，一般在空载下调整。

螺旋传动按其螺旋副的摩擦性质不同，又可分为滑动螺旋(滑动摩擦)、滚动螺旋(滚动摩擦)和静压螺旋(流体摩擦)。滑动螺旋结构简单，便于制造，易于自锁，但其主要缺点是摩擦阻力大、传动效率低(一般为 30%～40%)、磨损快、传动精度低等；相反，滚动螺旋和静压螺旋的摩擦阻力小，传动效率高(一般为 90%以上)，但结构复杂，特别是静压螺旋还需要供油系统。因此，只有在高精度、高效率的重要传动(如数控机床、精密机床、测试装置或自动控制系统中的螺旋传动)中才采用滚动螺旋和静压螺旋。

4.1.3　机械传动系统的设计要素

功率 P 和传动比 i 作为机械传动系统设计中最重要的两个指标，通常可由具体的应用场景分析得出。上文中的各种机械传动方式各有优缺点，适用于不同的应用场合。在选型设计时，可综合考虑传动的效率以及装置的尺寸、质量、运动精度、传递力的大小和性价比等因素。

1. 功率与效率因素

各类传动所能传递的功率取决于其传动原理、承载能力、载荷分布、工作速度、制造精度、机械效率和发热情况等因素。一般来说，啮合传动传递功率的能力高于摩擦传动；

蜗杆传动工作时的发热情况较为严重，因而传递的功率不宜过大；摩擦轮传动由于必须具有足够的压紧力，故在传递同一圆周力时，其压轴力要比齿轮传动的大几倍，因而一般不宜用于大功率的传动；链传动和带传动中，要提高传递功率，必须增大链条和带的截面面积或排数(根数)，易受到载荷分布不均的限制；齿轮传动在较多的方面优于上述各种传动，因而应用也最广。

效率用来表征能量的利用率，是评定传动性能的重要指标之一。不断提高传动的效率，就能节约动力，降低运转费用。效率的对立面是传动中的功率损失，在机械传动中，功率的损失主要是因为轴承摩擦、传动零件间的相对滑动和润滑油搅动等，所损失的能量绝大部分将转化为热，如果损失过大，将会使工作温度超过允许的限度，导致传动的失效。因此，效率低的传动装置一般不宜用于大功率的传动。

还应指出，不同的传动形式，在传递同样的功率时，通过传动零件作用到轴上的压力亦不同，这个力在很大程度上决定着传动的摩擦损失和轴承寿命。摩擦轮传动作用在轴上的压力最大，带传动次之，斜齿轮及蜗杆传动再次之，链传动、直齿和人字齿齿轮传动则最小。

2. 速度因素

速度是传动的主要运动特性之一，提高传动速度是机器的重要发展方向，传动速度的参数是最大圆周速度和最大转速。若提高传动速度并使用不同传动形式，速度受不同因素的限制，例如载荷、传动的热平衡条件、离心力及振动稳定性等。

3. 外廓尺寸、质量和成本因素

传动装置的外廓尺寸、质量既与功率和速度的大小密切相关，也与传动零件材料的力学性能有关。但当这些条件一定时，传动装置的外廓尺寸和质量基本上取决于传动的形式，在传动比大的多级传动中，传动比的分配对外廓尺寸有很大的影响。值得注意的是，从各类传动装置的结构看，以滚动取代滑动是减小磨损和发热，提高传动的功率、效率和工作寿命等综合性能的重要措施。因此，机械设计中的滚动化设计应该得到足够的重视。

综上所述，机械传动在机电产品系统中处于举足轻重的地位。积极钻研和创新开发先进的大功率、高效率、长寿命、传动比大的传动无疑是发展产品及装备的核心工作，亟待投入巨大的努力。

4.1.4 运动执行部件

执行机构根据控制信息和指令完成要求的动作，属于运动部件。根据动力源的不同，执行机构可分为电动执行机构、气动执行机构和液动执行机构等。执行机构是自动控制系统的重要环节，它接收控制信号并对其进行功率放大，转换为输出轴相应的角位移或直线位移(具体应用如各种机械手、送料结构等)，完成各种过程参数的自动控制或手动控制。执行机构的动作规律曲线通常是线性的，也有等百分比型的。执行机构的控制信号有连续的电流信号，也有断续的电压信号或脉冲信号。

一般情况下，执行机构需根据产品或设备的具体功能要求具体设计，没有通用的结构选择。设计执行机构时要满足产品功能的位移、速度、频率等方面的要求，同时要根据工作温度、湿度等环境要求进行合理的材料选择。

4.2　机械驱动机构

工业机器人、CNC 机床、各种自动机械、信息处理设备、办公室设备、车辆电子设备、医疗器械、各种光学装置、智能家电、楼宇安全系统等机电系统实现各种动作(如数控机床主轴的转动、工作台的进给运动以及工业机器人手臂的运动等)都离不开驱动装置提供的动力。动力驱动装置能在电子控制装置的控制下，将输入的各种形式的能量转换为机械能：例如，电机、液压机、气缸、汽油发动机分别把输入的电能、液压能、气压能和化学能转换为机械能；另外还有一些利用材料性能的动力驱动装置(如磁致伸缩材料、压电材料、形状记忆合金等)可将材料形变直接转换为执行机构的精密运动。

根据使用能量的不同，可将动力驱动装置(机构)按照动力形式的不同(如电能、液压能、气压能和化学能等)进行划分，如图 4-5 所示。

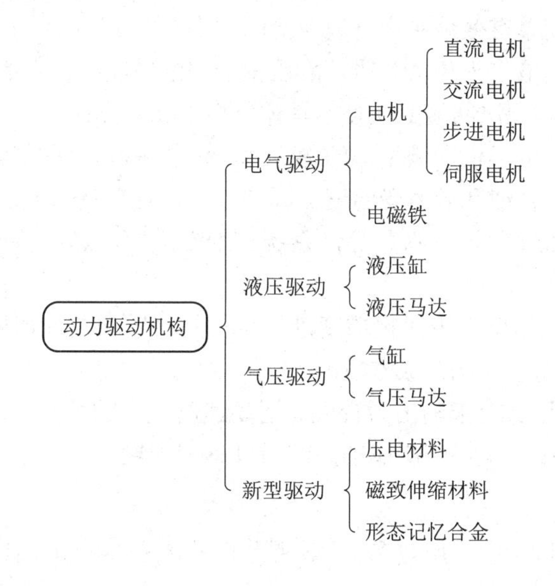

图 4-5　动力驱动机构分类

1. 电气驱动

电气驱动是利用各种电动机产生力和力矩，直接或间接经过机械传动去驱动执行机构，以获得机构的各种运动。因为省去了中间能量转换的过程，所以比液压驱动和气压驱动效率高，使用方便且成本低。电气驱动适合于中等负载，特别适合作为动作复杂、运动轨迹严格的各类机械结构的驱动方式。

机电系统中经常使用的电动机有两类，一类为动力用电动机，如感应式异步电动机和直流电动机等；另一类为控制用电动机，如力矩电动机、步进电动机、伺服电动机、变频调速电动机等。动力用电动机主要实现能量的转换，将电能转换为机械能，难以实现精确的速度、位置控制。对于控制用电动机的性能，除了要求稳速运转外，还要求良好的加减速性能和伺服等动态性能，以及频繁使用时的适应性和易维修性。

2. 液压驱动

从运动形式来分，液压驱动分为直线运动(如液压缸)和旋转运动(如液压马达、摆动液压缸)；从控制水平的高低来分，液压驱动分为开环控制液压系统驱动和闭环控制液压系统驱动。

相比于电气驱动和气压驱动，液压驱动具有以下优点：

(1) 能够以较小的驱动器输出较大的驱动力或力矩，即获得较大的功率重量比。

(2) 可以把驱动油缸直接做成关节的一部分，故结构简单紧凑，刚性好。

(3) 工作液体可以用管路输送到任何位置，允许液压执行元件和液压泵间保持一定距离。

(4) 液压驱动能方便地将原动机的旋转运动变为直线运动。

(5) 由于液体的不可压缩性，液压驱动的定位精度比气压驱动高，可实现任意位置的启停。

(6) 液压驱动调速比较简单和平稳，能在很大调整范围内实现无级调速。

(7) 使用安全阀可简单有效地防止过载现象的发生。

(8) 由于一般采用油液作为传动介质，液压驱动润滑性能好、寿命长。

不过液压驱动也有其无法回避的缺点，具体包括下面几点：

(1) 油液容易泄漏，这不仅影响工作的稳定性与定位精度，而且容易造成环境污染。

(2) 传动系统的工作性能和效率受温度的影响较大，且在高温或低温条件下很难应用。

(3) 因油液中容易混入气泡、水分等，系统的刚性降低，速度特性及定位精度变差，无法保证严格的传动比。

(4) 液压元件的制造精度、表面粗糙度以及材料的材质和热处理要求都比较高，需配备压力源及复杂的管路系统，因此成本较高。

液压驱动方式大多用于要求输出力较大而运动速度较低的场合，近年来，在应用液压驱动方式的机器人系统中，电液伺服驱动系统最具有代表性。

3. 气压驱动

气压驱动在工业机械手中使用较多。通常使用的压力在0.4～0.6 MPa，最高可达1 MPa。

气压驱动的优点主要包括以下几点：

(1) 快速性好。因为压缩空气的黏性小，流速大，一般压缩空气在管路中流速可达180 m/s，而油液在管路中的流速仅为2.5～4.5 m/s，气压驱动可以用于集中供气和远距离输送。

(2) 气源方便。一般工厂都有压缩空气站供应压缩空气，亦可由空气压缩机供应压缩空气。

(3) 废气可直接排入大气不会造成污染，因而只需一根高压管连接即可工作，无须考虑排气位置，所以气压驱动比液压驱动干净、便捷。

(4) 气动系统对工作环境适应性好。特别在易燃、易爆、多尘埃、强磁辐射、振动等恶劣环境下工作时，气动系统的安全可靠性优于液压系统、电子和电气系统。

(5) 由于空气的可压缩性，气压驱动系统具有较好的缓冲作用。

(6) 气动元件结构简单、成本低且寿命长，过载下能自动保护，易于实现标准化、系列化和通用化。

气压驱动的缺点主要有以下几点：

(1) 工作压力较低(0.3～1 MPa)，输出力或转矩较小。

(2) 基于气体的可压缩性，气压驱动很难保证较高的定位精度，工作速度稳定性较差。

(3) 使用后的压缩空气向大气排放时，有较大的排气噪声。

(4) 空气净化处理较复杂，气源中的杂质及水蒸气必须净化处理。

4. 新型驱动装置

随着机器人技术的发展，出现了利用特殊工作原理制造的新型驱动装置，如磁致伸缩驱动器、压电驱动器、静电驱动器、形状记忆合金驱动器、超声波驱动器、人工肌肉和光驱动器等。

1) *磁致伸缩驱动器*

当对铁磁材料或亚铁磁材料的外部施加磁场时，磁性体的外形尺寸会发生变化，这种现象称为磁致伸缩现象，也称为焦耳效应。如果磁性体在磁化方向长度增大，则称为正磁致伸缩，典型的正磁致伸缩材料为 Terfenol-D 和 Galfenol(铁镓合金)材料；如果磁性体在磁化方向长度减少，则称为负磁致伸缩，典型的负磁致伸缩材料为 SmNdFe(钐钕铁)。若从外部对磁性体施加压力，则磁性体的磁化状态也会发生变化，此效应称为维拉利效应，也被称为逆磁致伸缩现象。磁致伸缩驱动器主要应用于精密微动平台驱动，微阀、微泵的驱动，声呐以及振动减振等方面。

2) *压电驱动器*

当受到力作用时，表面出现与外力成比例的电荷的材料被称为压电材料，也称为压电陶瓷。反过来，把电场加到压电材料上，压电材料会产生应变，输出力或形变。利用压电材料的这一特性可以制成压电驱动器，这种驱动器的精度可以达到亚微米级。

3) *静电驱动器*

静电驱动器的工作原理是，利用电荷的吸引力和排斥力的互相作用顺序，驱动电极产生平移或旋转的运动。因静电作用属于表面力，静电力和元件尺寸的二次方成正比。

4) *形状记忆合金驱动器*

形状记忆合金是一种特殊的合金，一旦使它记忆了任意形状，即便它变形，但当重新加热到某一适当温度时，它会恢复为变形前的形状。利用记忆合金在形状恢复的同时其恢复力可对外做功的特性，能够制成各种形状记忆合金驱动器(驱动元件)。已知的形状记忆合金有 $Au\text{-}Cd_4$、In-Ti、Ni-Ti、Cu-Al-Ni、Cu-Zn-Al 等几十种。

5) *超声波驱动器*

所谓超声波驱动器就是利用超声波振动作为驱动力的一种驱动器，波位移由振动部分和移动部分组成，是靠振动部分和移动部分之间的摩擦力来驱动装置的一种驱动器。

由于超声波驱动器没有铁芯和线圈，结构简单、体积小、重量轻、响应快、力矩大，无需配合减速装置就可以低速运行，因此，很适合用于机器人、照相机和摄像机等的驱动装置。

4.2.1 液压驱动机构设计

液压驱动是依靠运动着的液体的压力能来传递动力的，它与依靠液体的动能来传递动力的“液力传动”不同。液压系统工作时，需要液压泵将机械能转变为压力能，执行元件(液压缸)再将压力能转变为机械能，这样才可驱动负载工作。而且液压系统中的油液是在受调节、受控制的状态下进行工作的，液压驱动与液压控制难以完全分开。因此设计液压系统时不能像选择电机一样只需一个装置。一个典型的液压系统(也称液压驱动系统)如图 4-6 所示。

一般情况下，液压驱动系统由以下 5 个部分组成。

(1) 动力元件。动力元件把机械能转变成油液的压力能。最常见的能源装置就是油泵，它给液压系统提供压力油，使整个系统运作起来。

(2) 执行装置。执行装置将油液压力能转变成机械能，并对外做功，如液压缸；

(3) 控制调节装置。它们可控制液压系统中油液的压力、流量和流动方向，例如换向阀、节流阀、溢流阀等液压元件。

(4) 辅助装置。它们是除上述 3 项以外的其他装置，如过滤器、溢流阀、油管等，它们在保证液压系统可靠、稳定、持久工作方面具有重要作用。

(5) 工作介质。工作介质包括液压油或其他合成液体。

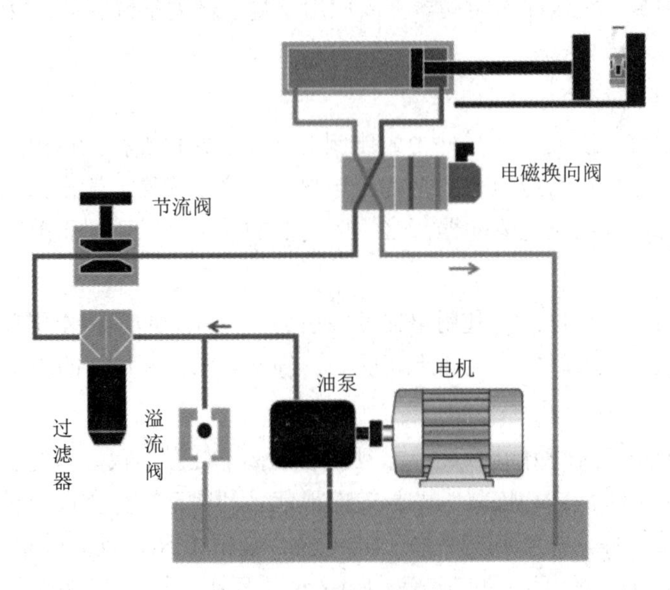

图 4-6 典型的液压系统

1) *液压泵的选择*

液压泵是液压传动系统的动力元件，将电机输入的机械能转换为压力能输出，为液压传动系统提供动力，是液压传动系统的核心元件。根据液压系统的应用场景，液压泵可归纳为两大类：一类是固定设备用液压装置，如各类机床、液压机、注塑机、轧钢机等；另一类是移动设备用液压装置，如起重机、汽车、飞机等。确定了液压泵的应用场景后，可有针对性地考虑液压泵的流量、工作压力、类型、价格等。

(1) 液压泵的流量。按所有执行元件的最高速度和流量和，以及系统泄漏量确定液压泵的流量。

(2) 液压泵的工作压力。根据系统执行元件最大压力和压力损失计算液压泵的工作压力。

(3) 液压泵的类型。一般根据泵流量及工作压力来选择液压泵的类型。额定压力为 2.5 MPa 时，应选用齿轮泵；额定压力为 6.3 MPa 时，选用叶片泵；若工作压力更高时，选择柱塞泵。

(4) 液压泵的价格。一般齿轮泵的价格较低，叶片泵的价格中等，螺杆泵和柱塞泵的价格较高。

2) *液压缸的选择*

液压缸是液压系统中的执行元件，它的职能是将液压能转换成机械能。液压缸的输入量是液体的流量和压力，输出量是直线速度和力。液压缸的活塞能完成往复直线运动，输出有限的直线位移。选择液压缸时，要考虑工作部件的运动行程、输出力及安装方式等方面，根据这些工作参数选择标准的液压缸或进行设计加工。

具体的选型中需考虑以下因素：

(1) 初选缸径/杆径。一般根据液压缸的油压 p、流量 q、输出力方式(推、拉、既推又拉)和相应力的大小来选择计算缸径。

确定液压缸的缸筒内径 D 时，根据负载的大小来选定工作压力或往返运动速度比，求得液压缸的有效工作面积，从而得到缸筒内径 D，再从 GB/T2348—2018 标准中选取最近的标准值作为所设计的缸筒内径。

确定活塞杆外径 d 时，通常先从满足速度比的要求来选择，然后再校核活塞杆的结构强度和稳定性。也可根据活塞杆受力状况来确定，一般受拉力作用时，$d = 0.3 \sim 0.5D$。受压力作用且工作腔压力 $P_i < 5$ MPa 时，$d = 0.5 \sim 0.55D$；5MPa $< P_i <$ 7MPa 时，$d = 0.6 \sim 0.7D$；$P_i >$ 7MPa 时，$d = 0.7D$。

(2) 选定行程。行程包括工作行程和富裕行程，筒长度 L 由最大工作行程长度加上各种结构需要来确定，一般缸筒的长度最好不超过内径的 20 倍。

(3) 选定安装(连接)方式。安装方式指油缸与设备以什么形式连接，常用的安装方式包括法兰安装和铰支安装。

① 法兰安装。适合于液压缸工作过程中固定式安装，其作用力与支承中心处于同一轴线的工况；其安装选择位置有端部、中部或尾部 3 种。

② 铰支安装。铰支安装分为尾部单(双)耳环安装和端部、中部或尾部耳轴安装。该安装方式适用于液压缸工作过程中作用力使缸中被移动的机器构件沿同一运动平面呈曲线运动路径的工况。

(4) 设定缓冲方式。缓冲方式主要考虑选择两端缓冲或一端缓冲。

(5) 油口类型和通径选择。根据油口的连接方式选择螺纹连接或法兰连接等，口通径由系统流量和流速确定。

(6) 密封件的选择。选择密封件时，需要考虑液压缸的互换性、维护性和可靠性的要求。

此外，在选择液压缸时，需考虑特定工况(工作介质、环境、温度、运行精度、泄漏情况、工作压力速度、振动、酸盐雾等)对密封系统、材料特性、活塞杆表面及产品防护的影响。

4.2.2 气压驱动机构设计

1) 气压驱动概述

气压驱动是指以压缩空气为工作介质来传递动力和实现控制的一门技术。气压驱动系统(也称气动系统)的组成类似于液压驱动系统，气压驱动系统由以下 5 部分组成。

(1) 能源装置。其指将原动机提供的机械能转变为气体的压力能，为系统提供压缩空气作为气压传动系统的动力源的装置，常用的为空气压缩机。

(2) 执行元件。其指将压缩空气的压力能转变为机械能，并对外做功的能量转换元件。根据做功的方式不同，主要分为做直线运动的执行元件和回转运动的执行元件，如做直线运动的气缸，做回转运动的摆动缸、气马达等。

(3) 气动控制元件。其指在气动系统中用来调节和控制压缩空气的压力、流量、方向的阀类，如各种气动压力阀、流量阀、方向阀、逻辑元件等。

(4) 辅助元件。其指对压缩空气进行净化、润滑、消声，以及用于元件之间连接等的辅件，如各种过滤器、油雾器、消声器、管件等。

(5) 工作介质。其指为经除水、除油、过滤后的洁净压缩空气。

2) 空气压缩机的选择

空气压缩机(空压机)是将机械能转换成空气压力能的装置，是产生压缩空气的设备。

(1) 空气压缩机的分类。

① 按工作原理的不同，将空气压缩机分为容积式和速度式两大类。在气压传动中，一般采用容积式空气压缩机。

② 按输出压力大小，将空气压缩机分为低压压缩机(0.2 MPa$<p\leqslant$1 MPa)、中压压缩机(1 MPa$<p\leqslant$10 MPa)、高压压缩机(10 MPa$<p\leqslant$100 MPa)和超高压压缩机($p\geqslant$100 MPa)。

③ 按输出流量大小，将空气压缩机分为微型压缩机($q<1\ m^3/min$)、小型压缩机($1\ m^3/min\leqslant q<10\ m^3/min$)、中型压缩机($10\ m^3/min\leqslant q<100\ m^3/min$)和大型压缩机($q\geqslant 100\ m^3/min$)。

④ 按润滑方式，将空气压缩机分为有油润滑空压机(采用润滑油润滑，结构中有专门的供油系统)和无油润滑空压机(不专门采用润滑油润滑，某些零件采用自润滑材料制成)。

(2) 空气压缩机的选用依据。选用空气压缩机的依据是气动系统所需的工作压力和流量。目前，气动系统常用的工作压力为 0.1～0.8 MPa，可直接选用额定压力为 1 MPa 的低压空气压缩机，特殊需要也可选用中高压或超高压的空气压缩机。在确定空气压缩机的排气量时，应该满足各气动设备所需的最大耗气量之和，并有一定的裕量。

3) 气缸的选择

气动执行元件的作用是将压缩空气的压力能转变为机械能并对外做功的元件，包括气缸和气动马达，气缸用以实现直线运动或摆动，气动马达用于实现连续的回转运动。

(1) 气缸的分类。按活塞两侧端面受压状态，气缸可分为单作用气缸和双作用气缸。按结构特征，气缸可分为活塞式气缸、柱塞式气缸、薄膜式气缸、叶片式摆动气缸、齿轮齿条式摆动气缸等。按功能，气缸可分为普通气缸和特殊气缸。普通气缸是指一般活塞式气缸，用于无特殊要求的场合。特殊气缸用于有特殊要求的场合，如气—液阻尼缸、薄膜式气缸、冲击气缸、伸缩气缸等。

(2) 气缸的选型。气缸的选型中需要考虑气缸动作方式、气缸缸径和气缸行程等。气缸选型中，具体需要考虑的因素如下：

① 气缸动作方式。根据气缸作用负载的运动方式选择动作方式，包括单作用弹簧压回、单作用弹簧压出或双作用方式。

② 气缸缸径。依据气缸负载率，计算理论输出力，再计算缸径。气缸负载率是气缸实际输出力与气缸理论输出力之比。

③ 气缸行程。依据气缸的操作距离及传动机构的行程来选择气缸的行程，但一般不选用满行程，防止活塞和缸盖相碰。如用于夹紧机构等时，应按计算所需的行程增加 10～20 mm 的余量。

④ 气缸系列(品种)。依据气缸承担的任务要求，选择气缸的品种。例如：有横向负载，选择带导杆气缸；安装空间紧凑，选择薄型气缸；完成角度摆动，选择摆动气缸。

⑤ 气缸安装方式。依据现场安装工况，选择安装方式。例如：脚座式、无杆侧法兰、单耳环等。

⑥ 缓冲形式。按照气缸速度、噪声控制或者缓冲能力要求，选择不同的缓冲形式。常见的缓冲形式有无缓冲、垫缓冲、气缓冲、液压缓冲。

4.3　驱 动 电 机

有刷直流电机和无刷直流电机是智能机电产品常用的电机类型，下面介绍这两种电机的主要驱动和控制方案。

4.3.1　有刷直流电机

L298N，是一款接受高电压的电机驱动器，可作为直流电机和步进电机的驱动，一个驱动芯片可同时控制两个直流减速电机作不同动作。在 6 V 到 46 V 的电压范围内，L298N 可提供 2 A 的电流，并且具有过热自断和反馈检测功能。L298N 可对电机进行直接控制，通过主控芯片的 I/O 输入对其控制电平进行设定，就可对电机进行正转反转驱动，操作简单、稳定性好，可以满足直流电机的大电流驱动需求。图 4-7(a)为最常见的一款 L298N 芯片，其驱动模块接线示例如图 4-7(b)所示，L298N 芯片引脚定义如表 4-1 所示。

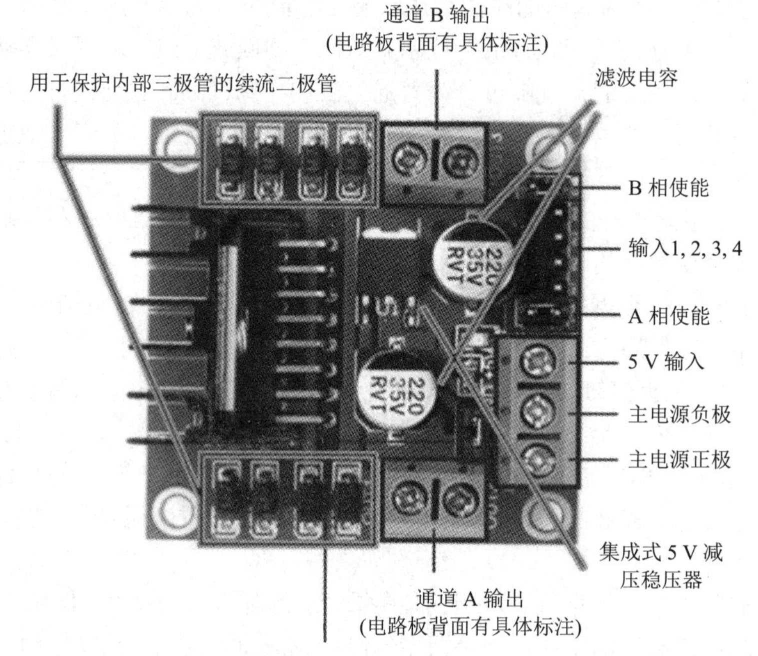

(a) 实物图

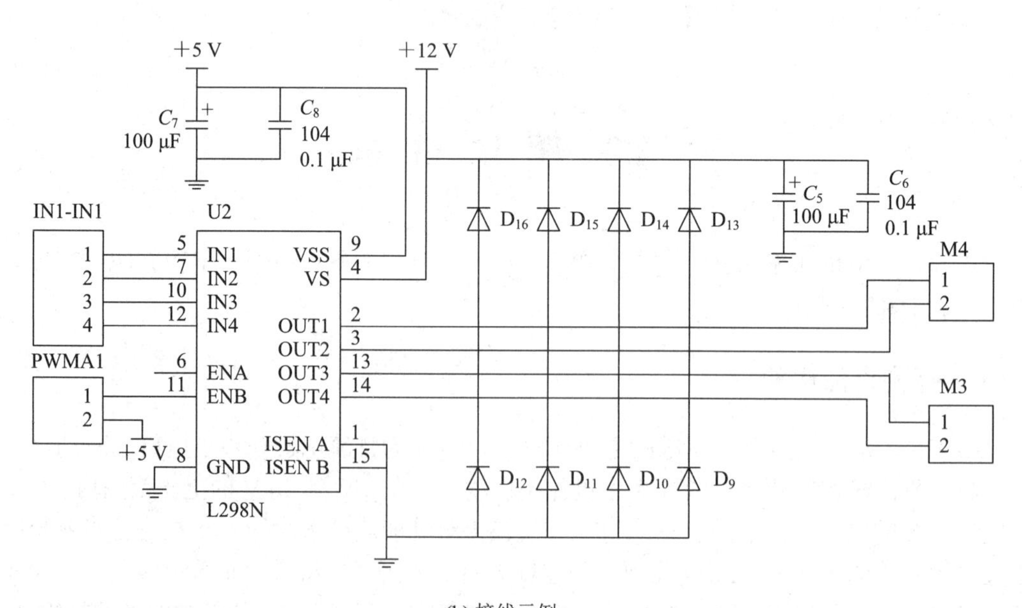

(b) 接线示例

图 4-7 L298N 芯片示例图

表 4-1　L298N 芯片引脚定义

引脚编号	名称	功　能
1	电流传感器 A	在该引脚和地之间接小阻值电阻可用来检测电流
2	输出引脚 1	将内置驱动器 A 的输出端 1 接至电机 A
3	输出引脚 2	将内置驱动器 A 的输出端 2 接至电机 A
4	电机电源端	电机供电输入端，电压可达 46 V
5	输入引脚 1	内置驱动器 A 的逻辑控制输入端 1
6	使能端 A	内置驱动器 A 的使能端
7	输入引脚 2	内置驱动器 A 的逻辑控制输入端 2
8	逻辑地	逻辑地
9	逻辑电源端	逻辑控制电路的电源输入端，电压为 5 V
10	输入引脚 3	内置驱动器 B 的逻辑控制输入端 1
11	使能端 B	内置驱动器 B 的使能端
12	输入引脚 4	内置驱动器 B 的逻辑控制输入端 2
13	输出引脚 3	将内置驱动器 B 的输出端 1 接至电机 B
14	输出引脚 4	将内置驱动器 B 的输出端 2 接至电机 B
15	电流传感器 B	在该引脚和地之间接小阻值电阻可用来检测电流

相应地，L293D 模块是专门为 Arduino 设计的，作为 Arduino 单片机生态中的模块，其可以轻易地嵌入 Arduino 单片机中而不需要过多的接线等配置(其他单片机或控制器需要有匹配的接口才可以驱动)，其引脚及模块接线如图 4-8 和图 4-9 所示，主要特点如下：

(1) 2 个 5 V 伺服电机(舵机)端口，连接到高分辨率、高精度的定时器。

(2) 4 个双向直流电机及 4 路 PMM 调速(大约 0.5%的分辨率)接口。

(3) 2 个步进电机正反转控制，单/双步控制，交错或微步及旋转角度控制。

(4) 4 路 H 桥：L293D 芯片每路桥提供 0.6 A、峰值 1.2 A 电流并且带有热断电保护。

(5) 下拉电阻保证在上电时电机保持停止状态。

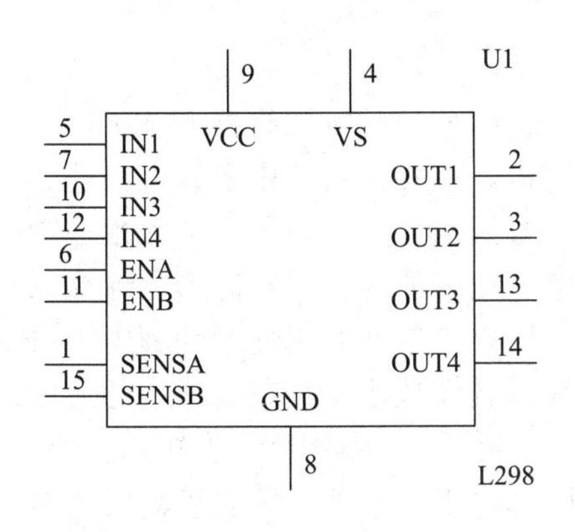

图 4-8　L293D 引脚图

图 4-9　L293D 模块接线图

L293D 模块使用注意事项：

(1) 使用步进电机会占用 2 个直流电机接口。

(2) 电机驱动电源需要单独供电给电机。

(3) 电路驱动电源可以使用 51 单片机提供的电源，也可以单独供电，但是必须要跟单片机共地，否则无法将数据写入模块。

4.3.2 无刷直流电机

相比于有刷直流电机，无刷直流电机的驱动功率更大、噪声更小、转速更高、扭矩更大，带来的问题控制较为复杂，常用的两种无刷直流电机控制器有 SimpleFOC 和 Odrive 两种。

SimpleFOC 硬件基于 Arduino 开发板并搭配 SimpleFOC 官方社区为其设计的程序库一起使用，具有软硬件全部与 GitHub 开源的特点，并且 SimpleFOC 官方还在持续维护的迭代中。主要特点如下：

(1) 即插即用，可与 Arduino SimpleFOClibrary 结合。

(2) 内置电流检测，最大到 3 A(3.3 V)/5 A(5 V)。

(3) 集成了 8 V 的电压转换芯片(板载 78M08)。

(4) 最大驱动功率为 120 W。

(5) 可以同时驱动 2 个电机。

(6) 具有编码器/Hall 传感器接口。

(7) 具有 I^2C 接口。

(8) 具有 Arduino 通用接口，可连接 Arduino UNO、Arduino MEGA 和 STM32 Nucleo boards 等。驱动板包含两个版本，V1.3.x 没有电流采样，V2.0.x 有电流采样。

Odrive 无刷直流控制器和 SimpleFOC 的主要区别在于，Odrive 可以驱动更大功率的电机，控制方式以树莓派这类完整的系统为主，多采用 Python 编程，通常用于控制机器人的关节电机、移动机器人的轮式驱动电机等有大功率需求或实时性要求较高的场景。

4.3.3 关节电机

机器人关节是机器人的基础部件，是各杆件间的结合部分，是实现机器人各种运动的运动副。一个关节系统包括驱动器、控制器和关节电机。机器人关节电机具有减速、传动、提升扭矩的功能，它被视为机器人的执行单元，根据需要安装在各关节上来控制关节运动。目前，日本和欧美国家在机器人及其关节电机技术的生产研发能力上遥遥领先，然而我国机器人行业较国外起步较晚，受关节电机核心零部件关键技术的制约，自主生产的机器人关节电机在性能指标上与国外产品仍存在较大差距。相对于传统的液压驱动和气压驱动方式，机器人关节的电驱动方式具有高精度、高功率密度、力矩响应快、轻便、噪声小等优点。机器人关节电机不同于一般的驱动电机，它被安装在机器人关节狭小的空间内部，用于驱动机器人关节，具有小体积、大力矩输出、高功率密度、短时高过载等特点。另外，由于机器人关节电机特点带来的温升问题是机器人关节电机设计过程中的关键，在温升允许的前提下，利用合理的电磁设计来提高机器人关节电机的输出性能是设计的重点和难点。

针对机器人关节电机的技术特点，对其存在的关键技术问题进行了以下总结：

(1) 机器人关节空间狭小，对结构优化设计要求较高，而目前对于机器人关节电机驱动器、减速器等的集成一体化研究尚不完善。

(2) 机器人关节电机与一般的电机有所不同。机器人关节电机的小体积、大力矩输出已经逐渐成为一种趋势。提高电机的转矩输出、降低转矩脉动、提高运行稳定性、提高电机运行效率等，都需要借助合理的电磁设计优化。

(3) 机器人关节电机对电机性能具有较高的要求，小体积、轻量化、高力矩输出设计会带来较高的温升，制约功率密度的进一步提高。温度过高甚至会造成电机内永磁体的不可逆退磁、绝缘材料损坏等问题，这会影响机器人的运行可靠性，所以对电机准确快速的热分析具有十分重要的意义。

针对机器人关节电机的应用环境和特点，机器人关节电机的选用一般需要满足以下原则：

(1) 结构坚固，体积小，可靠性高。一般情况下机器人关节电机的安装空间有限，空间狭小，因而要求输出转矩大，对电机的体积和可靠性要求较高。

(2) 动态性能好，能够实现平滑调速，调速范围宽。机器人关节电机运行在复杂工况下，转速变化范围宽且转换频率快，因此对电机的动态性能要求较高。

(3) 过载能力高，对恶劣环境的适应性强。机器人在执行特殊任务时，会输出短时大力矩，有时会长期处于恶劣环境中，因此要求电机具有高过载能力，且应对恶劣环境有较高的适应能力。

目前，根据机器人关节电机应用特点，机器人关节采用的驱动电机主要有永磁直流电动机、永磁伺服电机和永磁无刷力矩电机。

4.3.4　驱动电机的选型原则

选择驱动电机时，应考虑机械设备的使用条件，即根据具体的驱动对象和工作要求来选择驱动电机。应综合考虑电机(电动机)的结构形式和工作特点，针对电机的转速和容量进行选择。

1. 电机结构形式的选择

电机的结构形式要根据环境条件选择：

(1) 在正常环境条件下，一般采用防护式电机，只有在人员和设备安全有保障的条件下，才能采用开启式电机。

(2) 在空气粉尘较多的场所，宜用封闭式电机。

(3) 在湿热地区或比较潮湿的场所，尽量采用湿热带型电机；若用普通型电机，应采取相应的防潮措施。

(4) 在露天场所，宜用户外型电机；若有防护措施，也可采用封闭式电机。

(5) 在高温场所，应根据周围环境温度，选用相应绝缘等级的电机，并加强通风以改善电机的工作条件，加大电机的工作容量使其具备温升裕量。

(6) 在有爆炸危险的场所，应选用防爆型电机。

(7) 在有腐蚀性气体的场所，应选用防腐式电机。

2. 电机类型的选择

电机的类型是指电机的电压级别、电流类型、转速特性和工作原理。电机类型的选择要符合机械设备的负载特性，需要考虑的因素包括：机械设备的工作速度、机械特性、速度调节、启动制动特性等方面。常用各种电机适用情况如下：

(1) 不需要调速的机械应优先选用鼠笼型交流异步电机。

(2) 对于负载周期性波动的长期机械，为了削平尖峰负载，一般都采用带飞轮的电机。

(3) 需要补偿电网功率因数及获得稳定的工作速度，优先选用同步电机。

(4) 只需要几种速度，但不要求调节速度时，宜选用多速异步电机。

(5) 需要大的起动转矩和恒功率调速的机械，如电车、牵引车等，宜用直流串励电机。

(6) 启动制动和调速要求较高的机械，可选用直流电机或带调速装置的交流电机。

(7) 直流伺服电机、交流伺服电机一般用于要求精度高、低速运行平稳、扭矩脉动小、高速时振动和噪声小的闭环或半闭环伺服控制系统中，如数控机床的伺服控制、机器人的运动控制。

(8) 步进电机主要用于精度、速度要求不高，成本较低的开环控制系统中，如雕刻机、阀门控制、高速打印机、绘图机等。

3. 电机转速的选择

电机的额定转速要与负载的工作转速匹配，但实际的负载工作转速大都远低于电机的转速，因此需要考虑减速机构。一般电动机的转速越低，体积越大，功率因数和效率也越低。另外应注意，电机转速是有档次的，如在市电标准频率作用下，由于磁对数的不同，交流异步电机的同步转速有 3000 r /min、1500 r/min、1000 r/min、750 r/min 等几种。由于存在转差率，其实际转速约比同步转速低 2%～5%。基于上述理由，选择电机转速时需参考以下因素：

(1) 对于不需要调速的高、中转速的机械，一般选用相应转速的电机，以便与机械转轴直接连接。

(2) 对于不需要调速的低转速的机械，一般选用稍高转速的电机，通过减速机构来传动，但电机转速不宜过高，以免增加减速的难度和造价。

(3) 对于需要调速的机械，电机的最高转速应与机械的最高转速适应，连接方式可以是直接传动或者通过减速机构传动。

4. 电机容量的选择

电动机容量说明它的负载能力，如果容量选得过大，虽然能保证电机的正常工作，但电机长期不能满载，用电效率和功率因数均低，这增加了设备成本和运行费用；如果容量选得过小，生产效率又不能充分发挥，长期过载将导致电机过早损坏。

电机容量的选择有两种方法：一种是调查统计类比法；另一种是分析计算法。

(1) 调查统计类比法。目前，在我国机床的设计制造中，常采用调查统计类比法来选择电机容量。选用这种方法时，需对机械设备的拖动电机进行实测、分析，找出电机容量

与设备主要数据的关系，再根据这种关系来选择电机的容量。

(2) 分析计算法。这种方法是指根据机械设备对机械传动功率的要求，确定拖动用电机功率。也就是说，知道机械传动的功率，就可计算出电机功率，如式(4-1)所示：

$$P = \frac{P_1}{\eta_1 \eta_2} = \frac{P_1}{\eta} \tag{4-1}$$

式中，P 指电机功率；P_1 指机械传动轴上的功率；η_1 指生产机械效率；η_2 指电机与生产机械之间的传动效率；η 指机械设备总效率。

计算出的电机的功率，仅仅是初步确定的数据，还要根据实际情况进行分析，对电机进行校验，最后确定电机容量。

4.4　机械传动机构运动分析

4.4.1　常用的运动仿真软件介绍

机械传动机构的仿真是机械传动机构设计的重要手段，这涉及机构的静力学、运动学和动力学等方面知识，常用的运动仿真软件有 Adams、SolidWorks 的 Motion 功能模块、MATLAB 等。

Adams 软件使用交互式图形环境和零件库、约束库、力库，创建完全参数化的机械系统几何模型，其求解器采用多刚体系统动力学理论中的拉格朗日方程方法，建立系统动力学方程，对虚拟机械系统进行静力学、运动学和动力学分析，输出位移、速度、加速度和反作用力曲线。Adams 软件的仿真可用于预测机械系统的性能、运动范围、碰撞检测、峰值载荷，以及计算有限元的输入载荷等。

SolidWorks 的 Motion 功能模块需要绘制所有零件的三维模型，完成三维装配，进入仿真界面，得到三维仿真动画，仿真后输出图形、数据，用来显示运动轨迹、位移、速度、加速度、作用力等的仿真结果。

4.4.2　设计实例——六自由度机械臂运动分析

机械臂是典型且较为复杂的智能机电产品，本小节先利用 MATLAB 建立机械臂模型并利用 MATLAB 中的 Robotics Toolbox 对六自由度机械臂进行末端执行器的路径规划设计，分析机械臂各关节和末端执行器在运动过程中的动态特性，验证运动控制算法是否满足机械臂的设计要求。下面介绍机械传动机构运动分析的基本方法。

1. 模型建立

以中科深谷六自由度机械臂为例，在 MATLAB 中建立模型并采用 C++编写机械臂运动控制算法。设置机械臂结构参数：腰部、大臂、小臂、腕部和末端执行器 5 个杆件的长度和 6 个旋转关节的角度范围，D-H(Denavit-Hartenberg)参数如表 4-2 所示。

表 4-2 六自由度机械臂 D-H 参数

序号	连杆转角/(°)	杆长/mm	连杆偏距/mm	关节转角/(°)
1	0	0	144	0
2	90	0	0	−90
3	0	−264	0	0
4	0	−236	106	−90
5	90	0	114	0
6	−90	0	67	0

Robotics Toolbox 工具箱提供 robot( )函数对使用 D-H 参数法建立的机械臂结构参数进行设置，robot( )函数示例如下：

```
L1=Link('d',144,'a',0,'alpha',0,'modified');
L2=Link('d',0,'a',0,'alpha',pi/2,'offset',-pi/2,'modified');
L3=Link('d',0,'a',-264,'alpha',0,'modified');
L4=Link('d',106,'a',-236,'alpha',0,'offset',-pi/2,'modified');
L5=Link('d',114,'a',0,'alpha',pi/2,'modified');
L6=Link('d',67,'a',0,'alpha',-pi/2,'modified');
robot=SerialLink([L1 L2 L3 L4 L5 L6],'name','Arm6')
```

2. 关节空间轨迹规划流程

MATLAB 提供了关节空间和笛卡尔坐标系两种轨迹规划方法，本例选择前者，仅需设置机械臂的起始点和终止点位姿，不需要设置路径参数。软件以运动平滑和杆件间没有碰撞为准则进行轨迹规划，具有算法简单、效率高等优点，轨迹规划流程如图 4-10 所示。

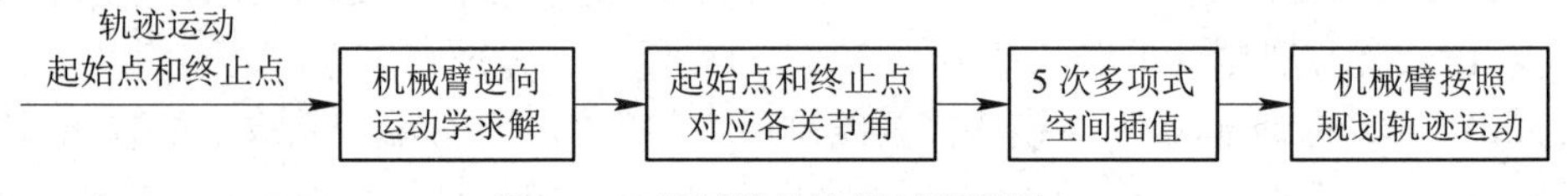

图 4-10 机械臂轨迹规划流程图

1) 设置起始点和终止点位姿

给定空间上起始点和终止点位姿，通过逆向运动学，反向求解出机械臂 6 个转轴所需角度，给定起始点 T1 和终止点 T2 位姿的设置代码如下：

```
T1=[350,300,200,30,0,60];
T2=[-200,250,300,0,0,60];
```

利用运动学逆解(InverseSolver_MDH)得到起始点和终止点关节角，求解出的关节角值并存储在数据空间中，分别用 a1、a2、a3、a4、a5、a6 表示起始点对应的每个关节角，分别用 b1、b2、b3、b4、b5、b6 表示终止点对应的每个关节角，具体代码如下：

```
A1=InverseSolver_MDH(T1);
a1=A1(1,1);a2=A1(1,2);a3=A1(1,3);a4=A1(1,4);a5=A1(1,5);a6=A1(1,6);
B1=InverseSolver_MDH(T2);
b1=B1(5,1);b2=B1(5,2);b3=B1(5,3);b4=B1(5,4);b5=B1(5,5);b6=B1(5,6);
```

2) 关节空间轨迹规划

对求解出的关节角度值进行关节空间轨迹规划，并采用五次多项式对初始和终止角度进行曲线拟合。分别求解出运动过程中每个关节角在每个时刻的位置和速度数值，具体代码如下：

```
StopTime=10;FixedStep=0.2;n=0:FixedStep:StopTime;Count=length(n);
[q1,qd1,~] = Fivetraj_Function([a1,b1],[0,StopTime],[0,0],[0,0],FixedStep);
[q2,qd2,~] = Fivetraj_Function([a2,b2],[0,StopTime],[0,0],[0,0],FixedStep);
[q3,qd3,~] = Fivetraj_Function([a3,b3],[0,StopTime],[0,0],[0,0],FixedStep);
[q4,qd4,~] = Fivetraj_Function([a4,b4],[0,StopTime],[0,0],[0,0],FixedStep);
[q5,qd5,~] = Fivetraj_Function([a5,b5],[0,StopTime],[0,0],[0,0],FixedStep);
[q6,qd6,~] = Fivetraj_Function([a6,b6],[0,StopTime],[0,0],[0,0],FixedStep);
qT=[q1;q2;q3;q4;q5;q6];
vT=[qd1;qd2;qd3;qd4;qd5;qd6];
```

3) 运动规划曲线拟合

在完成五次多项式差值后进行机械臂运动仿真(图 4-11)，即进行机械臂末端执行器轨迹曲线拟合，观察拟合位置点曲线是否平滑，如不平滑需重新修改插值点时间限制。具体拟合代码如下：

```
W=[-1000,+1000,-1000,+1000,-1000,+1000];
plot3( JTA(1:end,1), JTA(1:end,2), JTA(1:end,3),'r');
axis(W);    %设置坐标轴范围
hold on;grid on;
plot3(T1(1),T1(2),T1(3),'o','color','m');
plot3(T2(1),T2(2),T2(3),'o','color','c');
```

此外，还可以选择在动态显示模式下查看关节之间是否发生干涉、碰撞等情况，输入的关节角度必须是弧度。具体查看代码如下：

```
robot.plot(Q*pi/180,'tilesize',150,'workspace',W);
```

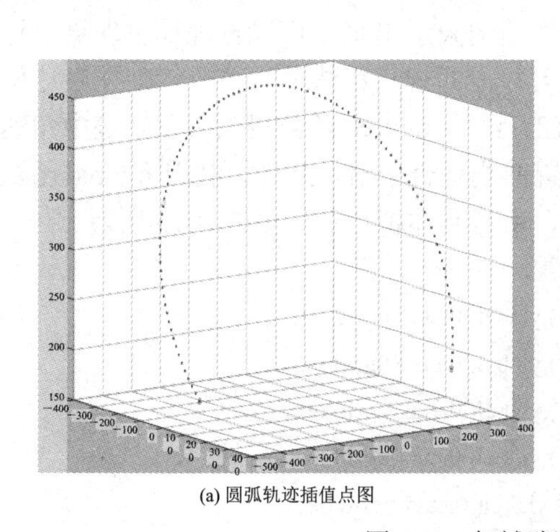

(a) 圆弧轨迹插值点图

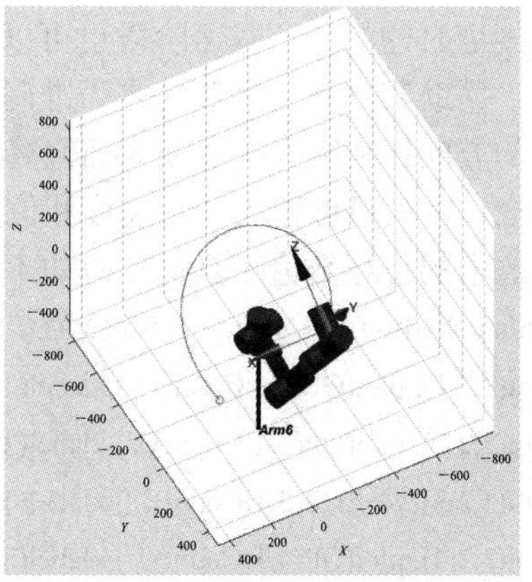

(b) 圆弧轨迹示意图

图 4-11　机械臂运动仿真

4) 正向运动学验证

正向运动学可验证以上轨迹规划结果能否经过我们设定的某些点，验证函数是否正确，具体正解代码如下：

```
Q=qT';                          %求转置
T=robot.fkine(Q*pi/180);        %求正解，得到每次对应的空间位姿矩阵
JTA=transl(T);                  %空间位姿矩阵转化为位置矩阵
rpy=tr2rpy(T,'xyz');            % T 中提取姿态(rpy)
```

通过正向运动学验证的仿真图如图 4-12 所示，结果表明正向验证曲线和反向逆解曲线完全重合，表示轨迹规划达到预期目标。

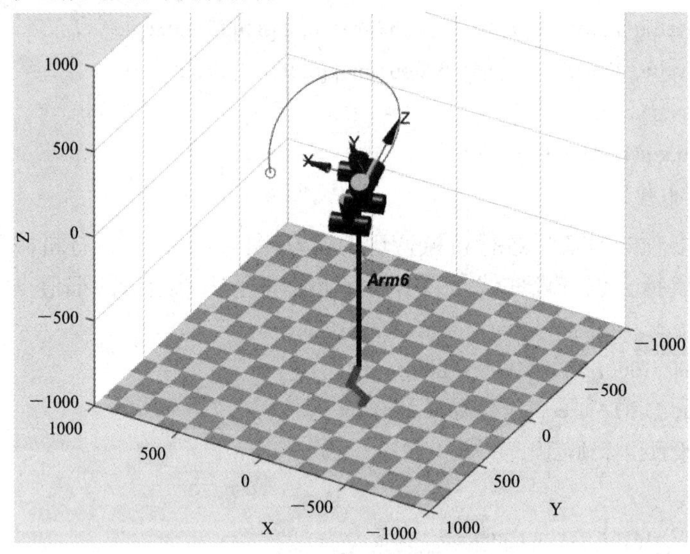

图 4-12 机械臂正解仿真图

3. 仿真结果与分析

通过使用 Robotics Toolbox 对机械臂的运动进行仿真，可以得到机械臂末端在空间运动过程中的轨迹曲线。从上面的仿真图可以看出，仿真可以清晰地表明机械臂的运动轨迹，对于轨迹规划时的加速和减速阶段也可以清晰地表示出来，可以直观地呈现给设计者一个轨迹图形，帮助其判断规划算法是否准确可行，即规划算法是否可以清晰地表达机械臂的运动轨迹的方向。利用五次多项式插值算法，结合 figure()函数得到关节轨迹中角速度和位移位置图像，观察机械臂关节角速度和位置曲线是否平滑。此外，利用 figure()函数还可得到关节轨迹中的位移数值，具体代码如下，所得具体拟合曲线如图 4-13 所示。

```
figure('numbertitle','on','name','关节角位置信息')
subplot(3,2,1), plot(QP(1,1:Count),'.'),xlabel('t'),ylabel('theta1');grid on;
subplot(3,2,2), plot(QP(2,1:Count),'.'),xlabel('t'),ylabel('theta2');grid on;
subplot(3,2,3), plot(QP(3,1:Count),'.'),xlabel('t'),ylabel('theta3');grid on;
subplot(3,2,4), plot(QP(4,1:Count),'.'),xlabel('t'),ylabel('theta4');grid on;
subplot(3,2,5),plot(QP(5,1:Count),'.'),xlabel('t'),ylabel('theta5');grid on;
subplot(3,2,6),plot(QP(6,1:Count),'.'),xlabel('t'),ylabel('theta6');grid on;
```

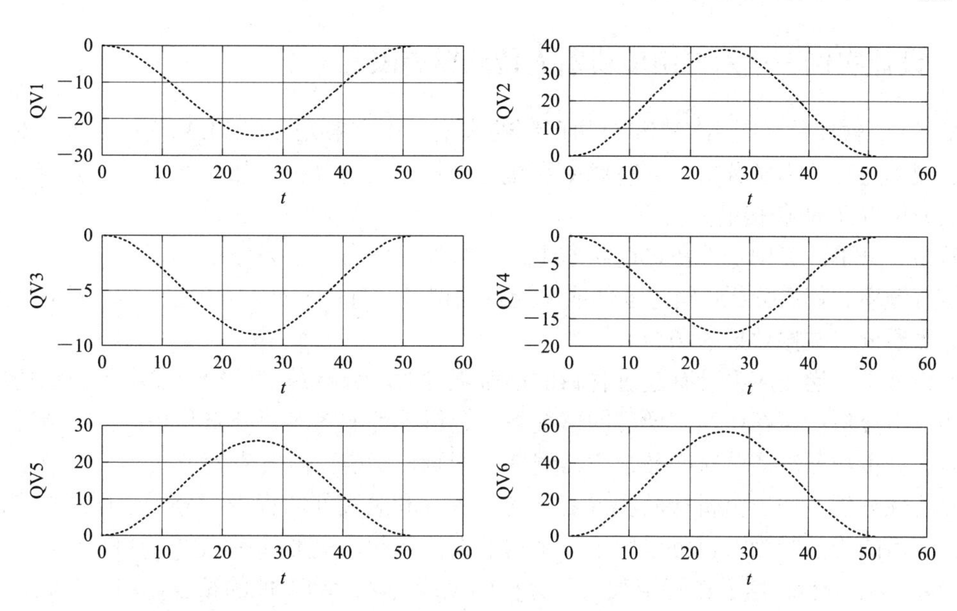

图 4-13　机械臂关节角角速度拟合曲线图

同理，利用 figure()函数得到关节轨迹中的角度数值，具体代码如下，所得具体拟合曲线如图 4-14 所示。

```
figure('numbertitle','on','name','关节角速度信息')
subplot(3,2,1), plot(QV(1,1:Count),'.'),xlabel('t'),ylabel('QV1');grid on;
subplot(3,2,2), plot(QV(2,1:Count),'.'),xlabel('t'),ylabel('QV2');grid on;
subplot(3,2,3), plot(QV(3,1:Count),'.'),xlabel('t'),ylabel('QV3');grid on;
subplot(3,2,4), plot(QV(4,1:Count),'.'),xlabel('t'),ylabel('QV4');grid on;
subplot(3,2,5),plot(QV(5,1:Count),'.'),xlabel('t'),ylabel('QV5');grid on;
subplot(3,2,6),plot(QV(6,1:Count),'.'),xlabel('t'),ylabel('QV6');grid on;
```

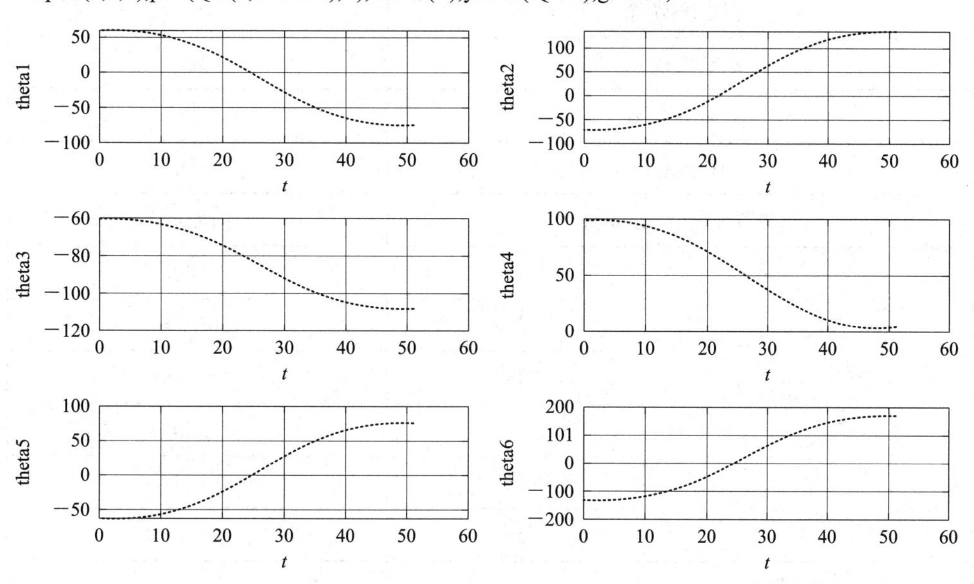

图 4-14　机械臂关节角位置曲线图

4.4.3 设计实例——六自由度机器人传动臂有限元分析

ANSYS 软件是美国 ANSYS 公司研制的大型通用有限元分析(FEA)软件，可以对零件或者装配体进行静力学分析、固有频率和模态分析、失稳分析、热应力分析、疲劳分析、非线性分析以及间隙/接触分析等。

静力学分析：算例零件在平衡状态下，零组件的应力、应变分布。

固有频率和模态分析：确定零件或装配件的造型与其固有频率的关系，可应用在喇叭、音叉等需要分析共振效果的场合。

失稳分析：当压应力没有超过材料的屈服强度时，分析薄壁结构件发生的失稳情况。

热应力分析：在存在温度梯度的情况下，分析零件的热应力分布和热量传播情况。

疲劳分析：预测疲劳对产品全生命周期的影响，确定可能发生疲劳破坏的区域。

非线性分析：用于分析橡胶类或者塑料类零件和装配件的行为，分析金属结构在达到屈服强度后的力学行为，也可以用于对结构的大扭转和大变形(如突然失稳)的分析。

间隙/接触分析：用于在特定载荷下分析两个或更多运动零件的相互作用，例如在传动链或其他机械系统中接触间隙未知的情况下分析应力和载荷传递。

负载状态下机器人传动臂的有限元分析是传动臂结构设计的一个重要内容。本节以六自由度传动臂的构型方式、各轴的动力传动方式以及驱动部件的选型设计为例，介绍关键传动件的有限元分析过程。基本流程如下：在 SolidWorks 中创建三维模型，利用 ANSYS WorkBench 软件分析危险工况下关键铸件的应力形变特性，修改相关结构部件，经设计分析，优化该机器人本体，确保铸件结构的设计强度与刚度，以达到动力传递可靠、关键铸件强度合适等设计目标。六自由度工业机器人系统设计指标如表 4-3 所示。

表 4-3 六自由度工业机器人系统设计指标

<table>
<tr><td colspan="2">型号</td><td>SN-50</td></tr>
<tr><td colspan="2">自由度数/个</td><td>6</td></tr>
<tr><td colspan="2">额定负载/kg</td><td>50</td></tr>
<tr><td colspan="2">本体质量/kg</td><td>700</td></tr>
<tr><td colspan="2">工作半径/mm</td><td>2230</td></tr>
<tr><td colspan="2">关节转速/(r · min^{-1})</td><td><60</td></tr>
<tr><td rowspan="6">转动范围/(°)</td><td>J1</td><td>±180</td></tr>
<tr><td>J2</td><td>+90/−150</td></tr>
<tr><td>J3</td><td>+177/−85</td></tr>
<tr><td>J4</td><td>±360</td></tr>
<tr><td>J5</td><td>±115</td></tr>
<tr><td>J6</td><td>±360</td></tr>
<tr><td>末端姿态精度要求/μm</td><td colspan="2">±700</td></tr>
</table>

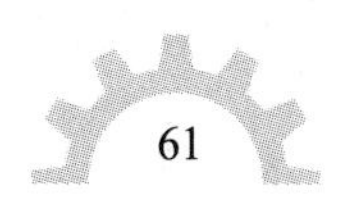

1. 机械臂三维模型的建立

六自由度机械臂是通过若干杆件连接而成的开式连杆系统，连接形式(即机器人的关节结构形式)为：由基座、腰部、大臂、小臂、腕部和末端(执行器)6 个杆件组成，共 6 个旋转自由度。开链结构末端存在整体误差累积，并且高速下容易产生较大的惯性力和哥氏力，这对机器人整机刚度和运动精度产生很大影响。因此机械臂的结构设计应在确保所需工作半径的前提下，尽量做到结构紧凑以及运动构件的轻量化。

六自由度工业机器人的整机构型，如图 4-15(a)所示。J4、J5、J6 关节的旋转轴线应处于同一平面，可以消除偏距。同时，J1、J2、J3 关节的轴线相互平行，且垂直相交于 J4、J5、J6 关节的轴线平面。机器人手腕选择 RBR 构型，该结构具有较强的通用性，即 J4、J5、J6 关节的轴线相交于腕关节原点，且相互正交，以保证腕关节质量轻、动作灵活，此时工作空间达到最大。J4、J5、J6 共同确定了机器人末端执行器的姿态，J1、J2、J3 共同决定了腕关节原点在工作空间中的位置。利用 SolidWorks 三维设计软件进行零部件的设计，再进行整机模型的装配，经渲染后的外形如图 4-15(b)所示。

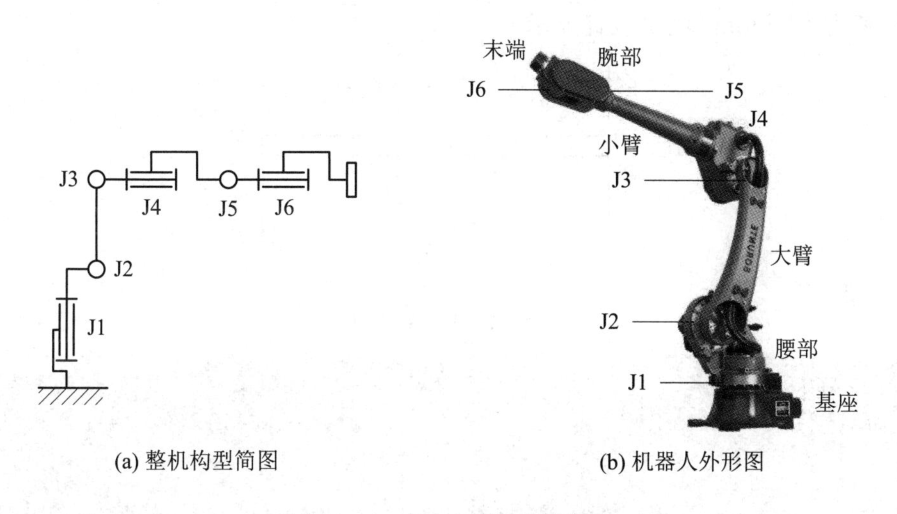

(a) 整机构型简图　　(b) 机器人外形图

图 4-15　六自由度工业机器人

2. 主要传动部件选型分析

选择伺服电机为各轴的驱动元件，J1～J3 轴电机输出转速经输出齿轮轴与减速器输入齿轮进行一级减速，再经减速器二级减速后带动各关节转动或摆动。J1～J3 轴选用额定转速 3000 r/min(最高转速 4000 r/min)的电机，减速机减速比分别为 140、175 及 180。J4～J6 轴的电机最高转速 4500 r/min，减速机减速比分别为 35、70、60。其中，J4 轴应选择中空形式的减速机，以便于 J5 轴、J6 轴的动力传递，J4 轴动力由电机传出再经两级减速后带动小臂部分旋转。J6 轴电机转速通过输入齿轮与传动齿轮的啮合，以减速比 140 完成一级减速，再由减速机完成二级减速，组成了完整的传动链。

3. 关键部件有限元分析

当机器人大臂、小臂、腕部和末端执行器均处于水平姿态时(即末端执行器距离基座中心点的水平位移量最大时)，机器人腰部和大臂同时处于受到最大不平衡力的状态，因此本节将对上述两个关键部件进行有限元分析，分析两者的应力应变情况，并判断是否满足设计指标。

1) 腰部的有限元分析

腰部所受不平衡力最大时的受力情况可等效为悬臂梁，受力示意图如图 4-14 所示。其中，不平衡力的大小 $F_{压}$由除腰部外的其他部件总的重量和极限负载组成，向末端执行器施加极限负载 500 N，不平衡的力臂为大臂、小臂、腕部和末端执行器重心到基座中心点的水平距离，该数值由 ANSYS WorkBench 自动求解得到。有限元分析流程如下：将铸件模型导入 ANSYS WorkBench 软件，输入边界条件，选用 SOLID186 单元划分网格。在前处理时，腰部通常采用铸造加工方式，选用 QT450-10 材料，密度为 7300 kg/m^3，弹性模量为 1.73 × 10 MPa，泊松比为 0.27，抗拉强度为 450 MPa，屈服强度为 310 MPa。软件根据模型设定的各部件物理参数，自动计算不平衡力的中心位置和不平衡力的力臂大小。其仿真结果如图 4-17 所示，图 4-17(a)为腰部铸件的应力云图，所受到最大应力为 19.819 MPa，远小于 QT450-10 材料的抗拉强度；图 4-17(b)为腰部铸件的应变云图，最大变形位移为 52.7 μm，满足设计要求。

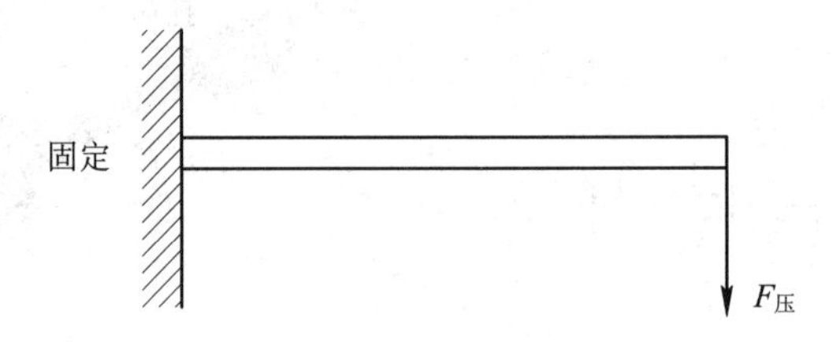

图 4-16　受力示意图

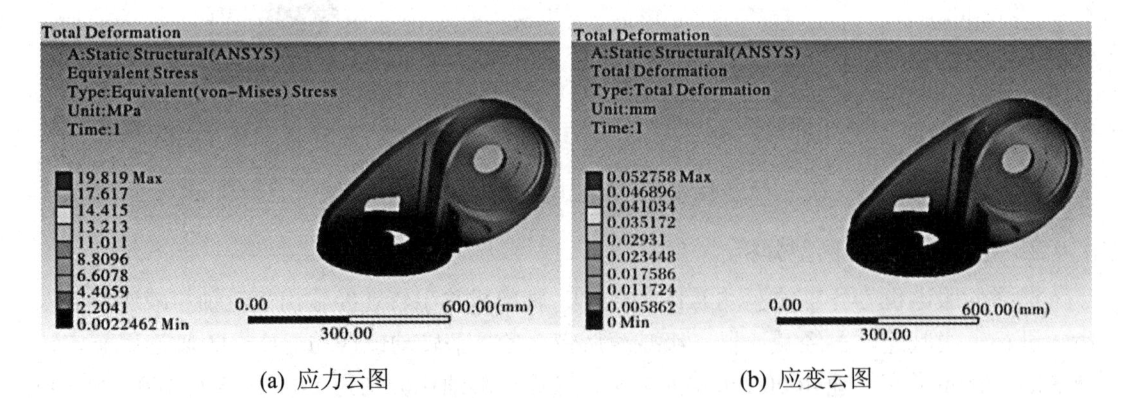

(a) 应力云图　　(b) 应变云图

图 4-17　腰部铸件有限元分析结果

2) 大臂的有限元分析

大臂所受不平衡力最大时的受力情况可等效为悬臂梁，受力示意图同样如图 4-16 所示。其中，不平衡力的大小 $F_{压}$由小臂、腕部、末端执行器总重和极限负载组成，向末端执行器施加极限负载 500 N，不平衡力的力臂为小臂、腕部和末端执行器重心到基座中心点的水平距离，该数值由 ANSYS WorkBench 自动求解得到。有限元分析流程如下：大臂材料与腰部相同，仿真结果如图 4-18 所示。图 4-18(a)为大臂铸件的应力云图，所受到最大应力为

38.936 MPa，远小于 QT450-10 材料的抗拉强度和屈服强度；图 4-18(b)为大臂铸件的应变云图，最大变形位移为 338.5 μm，满足设计要求。

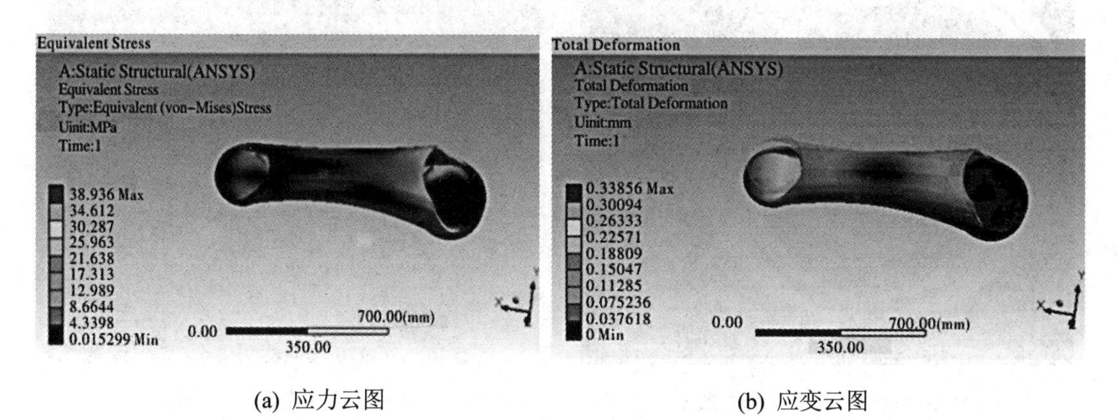

(a) 应力云图　　(b) 应变云图

图 4-18　大臂铸件有限元分析结果

4.5　移动机器人行走机构设计

移动机器人是可以根据人类的意愿进行任务协助或者替代人类工作的机器系统，被广泛应用在工业、农业、医疗等行业。研发将灵活多变、控制简便、运行环境破坏小、越障能力强等优点集于一身的移动机器人行走机构具有极为深远的意义和影响。

移动机器人按照行走方式可分为轮式、腿式、履带式和复合式等，可按照适应的场景分为室内、户外和丘陵山地移动机器人等。其中，室内移动机器人技术已经趋于成熟，在物流、分拣和智能化工厂等领域得到了广泛的应用，户外移动机器人尤其是丘陵山地移动机器人技术虽然在越障能力、续航和可靠性等方面仍存在不足，但是近年来户外移动机器人底盘模组(模块)关键技术已经趋于成熟，并已经在教育、巡检和消防等领域得到了初步应用。

1. 轮式行走机构

轮式行走机构通过对轮系施加驱动实现对移动机器人的运动和转向的控制，结构相对简单，易于控制，具有较高的灵活性。轮式行走机构与地面的接触形式通常为线接触，以滚动摩擦为主，具有摩擦阻力小、运行速度快和承载能力强等优点。但是，单轮式行走机构应对复杂环境时，适应性有限、易打滑且越障能力差，运动过程中质心波动较大，运行平稳性较差。

Gyrover 作为典型的单轮式移动机器人，采用仿陀螺运动的原理，具有极强的机动性和灵活性，可以在较为狭窄的地域穿行，如图 4-19(a)所示；路萌双轮式平衡机器人是美国 Ninebot 集团在 2021 年 CES 展会上发布的一款两轮移动机器人，具有自平衡能力，其外观如图 4-19(b)所示。

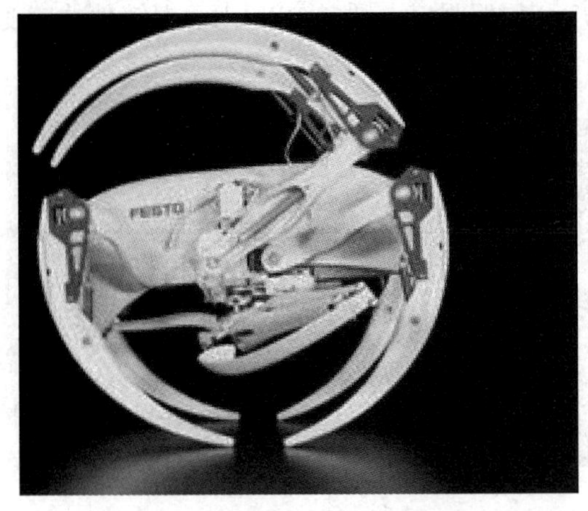

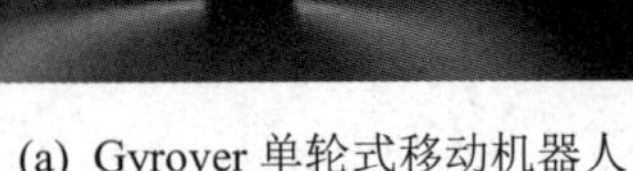

(a) Gyrover 单轮式移动机器人

(b) 路萌双轮式平衡机器人

图 4-19　两种轮式移动机器人

2. 足式行走机构

足式行走机构的运动轨迹主要是由一个个离散的点组成的，相比于其他形式的行走机构，其具有“走轮(履)式走不了的路，到轮(履)式到不了的地方”的特点。因此，足式行走机构对复杂环境有较好的适应性，以较强的越障能力著称。但足式行走机构存在结构复杂难以控制、运行速度慢的缺点。

由波士顿动力学公司(Boston Dynamics)研制的 BigDog 机器人备受瞩目，其外形如图 4-20 所示。BigDog 机器人的设计模仿动物四肢，可以攀爬 35° 斜坡，越障性能极强，而且具有较高的平衡能力，但其结构和控制系统较为复杂，无法获得普遍的应用推广。

3. 履带式行走机构

履带式行走机构与地面接触面积较大，能够在松软的环境中运行，下沉度较小。依靠多履齿转动行走，不易打滑，可以提供较大的牵引力，具有良好的越障性能，而且承载能力较强。但履带式行走机构无转向机构，仅依靠双侧履带进行差速转弯，摩擦阻力大，对运行环境破坏较大，且转弯半径无法精确控制。

图 4-21 为深圳煜禾森科技有限公司推出的全地形履带 UGV(型号为 YUHESEN MID-001) 采用库里斯蒂独立悬挂，具有卓越的通过性和越野能力，适应多种场景运行，具备原地旋转、高速前移倒退等多种控制模式，可搭载 80 kg 的负载，20° 的爬坡角度，涉水深度 100 mm，越障高度 150 mm。

图 4-20　BigDog 机器人

图 4-21　YUHESEN MID-001 全地形履带 UGV

4. 轮腿复合式行走机构

轮腿复合式行走机构兼备了轮式的快速移动和足式的越障能力强的优点，代表产品有“勇气”号火星探测车和“Handle”号轮腿复合式移动机器人。“勇气”号火星探测车外形如图 4-22(a)所示，该款机器人在 2004 年着陆火星后，右前轮不幸失灵，且车轮陷入火星地表内，无法继续执行任务。美国波士顿公司研发的目前较为先进的轮腿复合式移动机器人“Handle”号外形如图 4-22(b)所示，该款机器人融合了轮式自平衡的优点，具备地图构建与定位导航以及移动操纵(Mobile Manipulation)等技术，但结构复杂、控制难度大、设备费用昂贵，目前没有获得广泛的商业化应用。

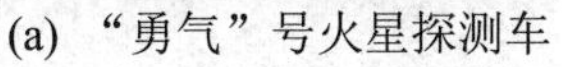

(a) “勇气”号火星探测车

(b) “Handle”号轮腿复合式移动机器人

图 4-22　轮腿复合式行走机构

5. 足履复合式行走机构

足履复合式行走机构主要继承了履带式的强承载能力和足式的强越障性能。由加拿大研发的一款足履复合式移动机器人 AZIMUT 外形如图 4-23(a)所示，其具备两对独立驱动的履带轮，既可以实现履带式移动或腿式移动，也可以实现组合运动。此外，该机构能实现零半径转向，具有较强的野外非结构化地形适应能力。Pack Bot 移动机器人是目前履带式移动机器人相继效仿的经典之作，外形如图 4-23(b)所示，目前服役于美国军队，是一款采用两侧履带作为主动轮、轮侧附可拆卸式前履带的结构，有较高的底盘越障能力和优越的爬坡性能。

(a) AZIMUT 足履混合式移动机器人

(b) Pack Bot 移动机器人

图 4-23　足履复合式机器人

6. 轮履复合式行走机构

轮履复合式行走机构兼备轮式机构和履带式机构的优势，具有路况适应性好、运动平稳、移动速度快和适用范围广的优点，但存在轮式行走机构和履带式行走机构之间难以切换这一缺点。

由美国 Remotec 公司研发的可以实现轮履切换功能的 MINI Andros Ⅱ移动机器人，移动速度较快，适合城市作战，目前有 600 台正在服役于美国海军陆战队，外形如图 4-24(a)所示；中国科学院沈阳自动化研究所自主研发的“灵蜥-B”反恐排爆机器人是国内具有代表性的一款履带式移动机器人，外形如图 4-24(b)所示，可按需切换为轮式或履式行走模式，以适应较复杂环境的移动需求，具备自主避障、寻找目标并执行特种任务的功能。

(a) MINI Andros Ⅱ机器人

(b) “灵蜥-B”反恐排爆机器人

图 4-24 轮履复合式机器人

7. 两轮摆锤式爬楼机器人

杭州电子科技大学机械工程学院王洪成、张俐楠和吴立群老师指导 Maker 学生团队先后研发了三代爬楼梯移动机器人。第一代四轮差速行星轮式行走机构，基本实现爬楼功能，但稳定性差，获得 2016 年和 2017 年全国研究生电子创新设计大赛全国二等奖，如图 4-25(a)所示；从解决第一代暴露的问题出发，Maker 团队重新设计了第二代两轮刚柔耦合式自平衡机器人，实现了四轮到两轮的转变以及从刚性轮到刚柔耦合轮的升级，在减轻自重和提高灵活性等方面得到了大幅提升，但存在下楼稳定差的问题，获得 2019 年全国研究生机器人创新设计大赛国家一等奖，外形如图 4-25(b)所示；为解决第二代暴露的问题，Maker 团队完全推翻了前面的方案，首创性地将研发重心由上方移到下方，研发出两轮摆锤式爬楼机器人，获得 2021 年全国研究生机器人创新设计大赛国家一等奖，如图 4-25(c)所示。相比于履带、腿式等单一行走机构和轮履复合式、轮腿复合式等复合行走机构，两轮摆锤式爬楼机器人具有结构简单、重量轻、移动灵活等众多优势，具备室内外一体化精确定位—导航—智能避障功能。该款爬楼机器人的主要演进过程如下：

(1) 提出两轮摆锤式机器人行走机构，具有楼梯尺寸、方位自识别—自适应的优点。

(2) 提出基于激光雷达、机器视觉等多传感技术融合的室内外一体化精确定位—导航技术。

(3) 提出楼梯等复杂环境感知—智能避障技术。

(a) 四轮差速行星轮式

(b) 两轮刚柔耦合式

(c) 两轮摆锤式

图 4-25　杭州电子科技大学 Maker 团队研发的爬楼机器人系列

第 5 章　智能感知芯片与接口选型

5.1　智能感知芯片

5.1.1　温湿度传感器

温湿度传感器是指能将温度和湿度转换成容易被测量处理的电信号的设备或装置。由于温度与湿度不管是从物理量本身还是在人们的实际生活中都有着密切的关系，因此温湿度检测通常被封装在同一个传感器内。市场上的温湿度传感器一般是用来测量温度和相对湿度(Relative Humidity，通常用 RH 表示)的。温度的单位通常为℃；相对湿度表示空气中的绝对湿度与同温度和气压下的饱和绝对湿度的比值，得数是一个百分比数。温湿度传感器的主要技术性能指标如表 5-1 所示。

表 5-1　温湿度传感器的主要技术性能指标

规格	单　位	示　例
测量范围	温度：℃，℉；湿度：%RH(相对湿度)	−55～+125℃；20%RH～90%RH
精度	温度：℃，℉；湿度：%RH	±1℃；±4%RH
分辨率	bits	1℃，8 bits；1%RH，8 bits
响应时间	s	10 s
工作电压	V	5 V

5.1.2　霍尔式传感器

霍尔式传感器是一种利用霍尔效应的磁敏传感器，可将电流、磁场、位移、压力、压差、转速等被测量转换成电压输出，具有结构简单、体积小、重量轻、灵敏度高、频带宽、动态性能好、可靠性高、对振动不敏感、对恶劣环境的适应性强、信号重复性好、不易产生错误信号等优点。霍尔式传感器种类多样，包括霍尔式接近开关、霍尔式压力传感器、霍尔式转速传感器、霍尔式无触点开关等，可用于转速计数、无刷直流电机整流、磁编码、流量传感等。霍尔式传感器的主要技术性能指标如表 5-2 所示。

表 5-2　霍尔式传感器的主要技术性能指标

规　格	单　位	示　例
供电电压	V	24 V
供电电流(关断时)	mA	4.5 mA
持续输出电流	mA	25 mA
输出饱和电压	mV	175 mV

5.1.3　角速率传感器

角速率传感器(陀螺仪)是一种封装为芯片的器件，该款传感器采用 MEMS 技术，可给出笛卡尔坐标系下 3 个坐标轴的角速率，可检测设备的姿态，用于姿态控制、图像稳定器、手势控制、体感游戏和安防设备等应用。角速率传感器的主要技术性能指标如表 5-3 所示。

表 5-3　角速率传感器的主要技术性能指标

规　格	单　位	示　例
供电电压	V	2.375 V
测量范围	(°)/s(度每秒)	±2000(°)/s
输出长度	bits	16 bits
灵敏度标度因子	LSB/(°)/s	16.4 LSB/(°)/s
灵敏度标度因子误差	%	± 3%
初始零速率输出	(°)/s	±20(°)/s
随温度的零速率输出变化	(°)/s	±20(°)/s
正弦波供电敏感度	(°)/s	0.2(°)/s
直线加速度敏感度	(°)/s/g	0.1(°)/s/g
总均方根噪声	(°)/s	0.05(°)/s
低频均方根噪声	(°)/s	0.033(°)/s
速率噪声密度谱	(°)/s/(Hz)$^{1/2}$	0.005(°)/s (Hz)$^{1/2}$
低通滤波器响应	Hz	5256 Hz
输出数据速率	Hz	4～8 000 Hz

灵敏度标度因子与测量范围、输出长度的关系：LSB 代表最小有效位，如果输出长度为 16 位，则 LSB = 2^{16} = 65 536。如果测量范围为 ±2000(°)/s，则灵敏度标度因子为 65 536 LSB / [2000(°)/s−(−2000(°)/s)] = 16.4 LSB/((°)/s)。

5.1.4　加速度计

加速度计是一种测量加速度的装置，主要原理是感受加速度，并将其转换为电信号。加速度计可用于测量某一个轴的加速度，广泛应用在汽车安全、智能产品和游戏控制等众多领域。加速度计按照检测对象的不同，可分为线加速度计和角加速度计 2 种；按照检测原理的不同，可分为压电式、压阻式、电容式和伺服式 4 种。目前市面上较多的是三轴集成的加速度计，可以测量笛卡尔坐标系下 3 个坐标轴方向的加速度，作为测量值的方向参考，传感器坐标方向定义如图 5-1(a)所示，属于右手坐标系(右手拇指指向 *X* 轴的正方向，食指指向 *Y* 轴的正方向，中指能指向 *Z* 轴的正方向)。

在机器人领域常用的芯片是 MPU6050，如图 5-1(b)所示，它是全球首例整合性六轴运动处理组件，俗称六轴陀螺仪，集成了三轴 MEMS 陀螺仪，三轴 MEMS 加速度计以及一个可扩展的数字运动处理器 DMP，可得到待测物体(如四轴飞行器、平衡小车)*X*、*Y*、*Z* 轴的倾角(俯仰角 Pitch、翻滚角 Roll、偏航角 Yaw)。DMP 是 MPU6050 芯片中的数据处理模块(内置卡尔曼滤波算法)，可获取陀螺仪和加速度传感器数据，并处理输出四元数，可以减轻外围微处理器的工作负担，而且避免了烦琐的滤波和数据融合。MPU6050 可提供 TTL 电平、RS232 和 RS485 与 MCU 通信的 3 种方式，供用户选用，产品接线图如图 5-1(c)所示。

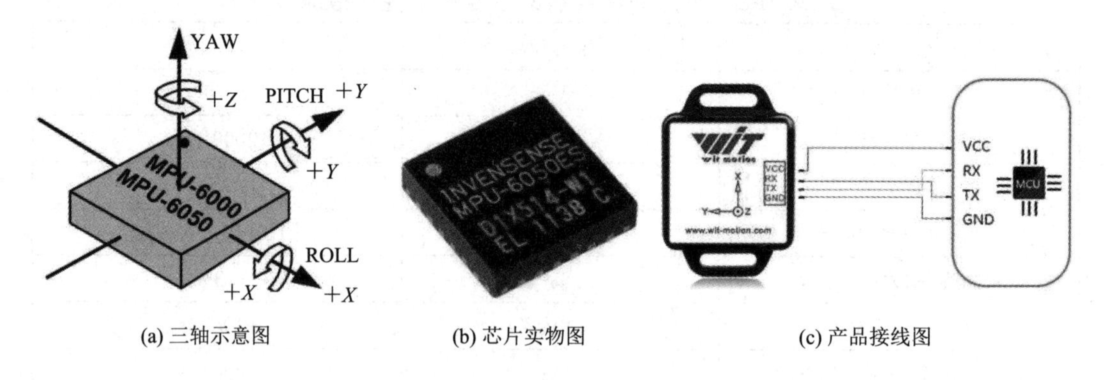

(a) 三轴示意图　　(b) 芯片实物图　　(c) 产品接线图

图 5-1　MPU6050 六轴陀螺仪

加速度计除了可以用来测量静态重力加速度和动态加速度，还可以用来检测倾角、振动或敲击、有无发生掉落等需求。加速度计的主要技术性能指标如表 5-4 所示。

表 5-4　加速度计的主要技术性能指标

规　格	单　位	示　　例
测量范围	g	±2 g，±4 g，±8 g，±16 g
非线性度	%	±0.5%
分辨率	bits	10 bits
灵敏度	LSB/g；count/g	256 LSB/g；900 count/g
工作电压 U_s	V	典型值：2.5 V；最小值：2.0 V；最大值：3.6 V
接口电压 U_{DD}	V	典型值：1.8 V；最小值：1.7 V；最大值：取工作电压 U_s 的值

灵敏度单位与测量范围、分辨率的关系：

(1) LSB 代表最小有效位，如果分辨率为 10 位，则 LSB = 2^{10} = 1024。如果量程为±2 g，则灵敏度为 1024LSB/[2g−(−2g)] = 256 LSB/g。

(2) count 代表脉冲计数，如果量程为±2 g、灵敏度为 900 count/g，则加速度为零时输出为 0 count，加速度为 1 g 时输出 900 count，加速度为−1 g 时输出−900 count。

5.1.5　里程计

随着自主移动机器人的快速发展，各种各样的自动化任务，如物体抓取、空间探索等，对移动机器人的定位能力提出了更高的要求，而里程计技术在其中扮演着极其重要的作用。常用的里程计有轮式里程计、视觉里程计和视觉惯性里程计。

1. 轮式里程计

轮式里程计(Wheel Odometry)的航迹推算定位方法是，基于光电编码器在采样周期内脉冲的变化量计算出车轮相对于地面移动的距离和方向角的变化量，从而推算出移动机器人位姿的相对变化。举一个例子，若要知道马车从 A 地驾驶到 B 地的路程，可以在轮子上安装一种可以统计车轮转数的装置，结合车轮的周长便可间接得到 A、B 两地之间的路程。轮式里程计是一种最简单、获取成本最低的方法。

2. 视觉里程计

视觉里程计(VO，Visual Odometry)通过将移动机器人上搭载的单个或多个相机连续拍摄的图像作为输入，增量式地估算移动机器人的运动状态。VO 分为单目 VO 和双目 VO。双目 VO 的优势在于，能够精确地估计运动轨迹，且具有确切的物理单位。单目 VO 只能知道移动机器人在 x 或 y 方向上移动了 1 个单位，而双目 VO 可明确知道移动的实际距离。但是，对于移动距离很远的情况，双目 VO 会自动退化成为单目 VO。

3. 视觉惯性里程计

视觉惯性里程计也叫作视觉惯性系统(Visual-Inertial System)，融合了相机和 IMU(惯性测量单元)数据以实现 SLAM(即时定位与地图构建，或并发建图与定位，如将一个机器人放入未知环境中的未知位置，让机器人一边移动一边逐步描绘出此环境的完整地图)的一种算法。根据融合框架的不同，分为松耦合和紧耦合。松耦合中，视觉运动估计系统和惯导运动估计系统是两个独立的模块，将每个模块的输出结果进行融合；紧耦合则是使用两个传感器的原始数据共同估计一组变量，由于两个传感器的噪声相互影响，紧耦合算法比较复杂，但其充分利用了传感器数据，可以实现更好的效果，是目前研究的热点。

移动机器人通常融合里程计和 MPU6050 六轴传感器的数据以实现小车的平稳运行。里程计技术是实现机器人自主导航的关键，因为其能推算出当前时刻物体的位姿，在未知环境中进行自我定位。但若小车只使用轮子上的编码器中的里程计数据，会发现存在累计误差的情况，导致对小车的位姿变化判断有偏差，因此拥有一个准确的里程计系统非常重要。为解决这一问题，机器人通常将里程计与 MPU6050 获取的数据融合在一起，以提供完备、准确的物体位姿和速度(线速度和角速度)信息，从而提高系统决策的正确性和安全性。

5.1.6　视觉传感器

严格来说，相机并不是传统意义上的视觉传感器，但如今随着机器人技术、自动驾驶、虚拟现实、图像识别等信息技术的发展，相机已然成为智能机电产品必不可少的环境感知模块。例如，特斯拉声称拥有 L3 级别的自动驾驶技术，但该技术没有借助激光雷达而是配备了 8 个摄像头，这足以说明相机在自动驾驶领域所拥有的举足轻重的地位。本节将介绍几种不同类型的相机，并对其硬件和软件的性能进行对比，作为相机选型的参考。相机的成像基于小孔成像原理，如图 5-2 所示。根据相机模组的不同，可分成单目相机、双目相机和深度相机。

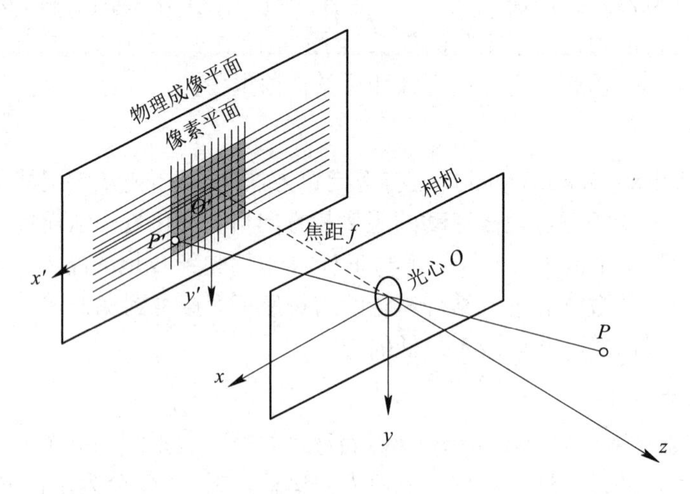

图 5-2 相机小孔成像原理(相机坐标系 O-x-y-z)

单目相机一般应用于图像识别、检测等深度学习场合，通过特定的算法也可用于 SLAM 技术，但会加大计算平台的工作量，相比于双目相机和深度相机，建图效果较差。

双目相机在每一帧的拍照中能够获得拥有特定几何关系的两幅图像，其成像原理虽然和单目相机相同，但同一个点可以在两幅图像中被投影出来，根据采集到的图像中的几何关系可以求解出点 P 的真实深度，即环境中点 P 到成像平面的真实距离(见图 5-3)。

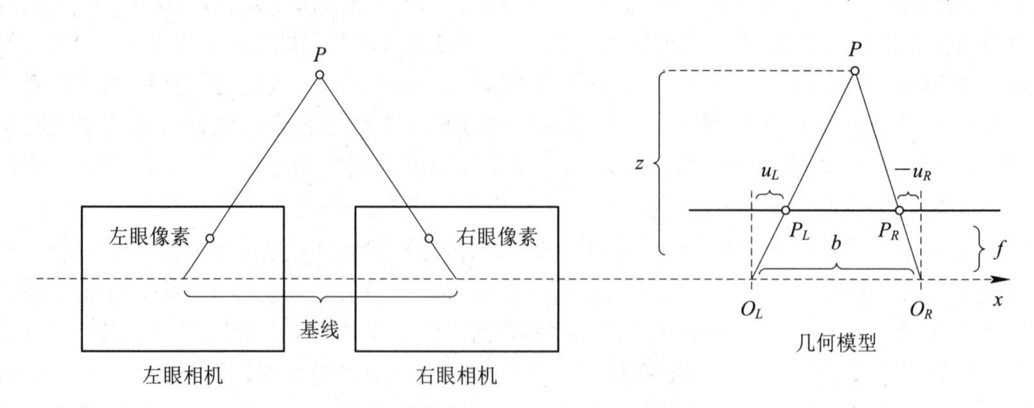

图 5-3 双目相机成像模型

深度相机根据获取深度数据方式的不同，可以分为 TOF(飞行时间)相机和结构光相机，表 5-5 详细对比了两者的主要性能指标。深度相机在获取深度值上和双目相机有本质区别：深度相机主动发射光源或者带编码的图案到被摄物体上，通过光的飞行时间和物体造成的光信号的变化来计算目标的深度，而不是利用计算平台通过算法进行求解，大大节省了时间。

表 5-5　TOF 和结构光相机的主要性能指标对比

相机类型	TOF	结构光相机
测距方式	主动投射	主动投射
工作原理	根据光的飞行时间直接测量	主动投射已知编码图案，提升特征匹配效果
测量精度	最高可达厘米级精度	近距离内能够达到高精度 0.01～0.1 mm
测量范围	可以测量较远距离，一般为 100 m 以内	测量距离一般为 10 m 以内
影响因素	不受光照变化和物体纹理影响，受多重反射影响	不受光照变化和物体纹理影响，受反光影响
户外工作	功率小的话影响较大	有影响，和编码图案的设计情况有关

上述相机的生产厂商一般会提供集成好的 SDK(软件开发工具仓)服务，使用者可以在较短的时间内根据提供的开源教程实现一些复杂的算法功能，例如图像检测、人脸识别、三维重建和一些开源的 SLAM 框架。在数据传输方面，相机一般通过 USB 接口与计算机进行实时通信。表 5-6 为市场上常见的商用相机性能对比，可作为选型时的参考。

表 5-6　常见的商用相机性能比较

序号	相机型号	供应商	双目方案	测量范围	标称精度	视角(H-V)	适用场景	运行温度测试	通信连接方式
1	D435I	英特尔	双目 + IR 主动红外	0.1～10 m	1%～2%	87°/58°	室内/室外	0～35℃	USB
2	Kinect2	微软	TOF	0.5～4.5 m	1%	87°/58°	室内	0～40℃	USB
3	ZED	Sterolabs	双目	0.3～25 m	1%～9%	90°/60°	室外	0～45℃	USB
4	structure-core	Occipital	双目 + IR 主动红外	0.3～5 m	1%	59°/46°	室内/室外	0～35℃	USB
5	DaBai	奥比中光	结构光	0.2～3.5 m	1%	68°/45°	室内	10～40℃	USB
6	FS830-HD	上海图漾	结构光	0.5～5.5 m	1%～2%	58°/46°	室内	0～40℃	USB
7	D1000-IR-120	小觅智能	双目+IR 主动红外	0.3～7.7 m	1%～2%	105°/58°	室内/室外	0～50℃	USB

5.1.7　激光雷达

激光雷达是目前大部分移动机器人和自动驾驶企业主要使用的传感器，事实上大多数自动驾驶的研制厂商均采用多传感器融合的环境感知方案。单一的视觉感知方案(仅搭载相机和一些辅助传感器)对于夜间的环境(环境颜色容易混淆)效果不佳。相比于相机，激光雷达具有分辨率高、隐蔽性好、抗干扰能力更强等优势。国内的许多厂商如大疆、华为、思岚、禾赛科技等都加入了研制激光雷达的赛道。近年来激光雷达的价格从十几万人民币到几千人民币不等。在机器人、无人驾驶、无人车和 AGV 等领域应用得越来越广泛，有需求必然会有市场。随着激光雷达需求的不断增大，激光雷达的种类更加琳琅满目，具体如图 5-4 所示。在数据传输方面，激光雷达一般利用以太网和计算平台来实时传输大量数据。

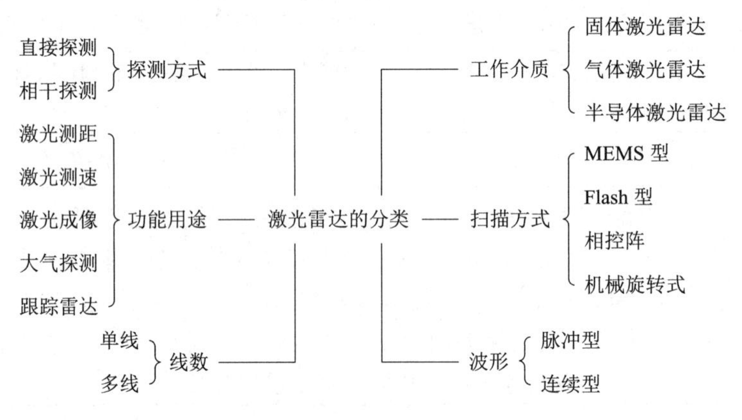

图 5-4 激光雷达的分类

工作介质、线数、扫描方式是激光雷达选型时的主要性能指标，下面将对不同种类的激光雷达在上述三个性能方面进行对比分析。

1. 工作介质

按照工作介质的不同，激光雷达主要分为以下几种。

(1) 固体激光雷达。固体激光雷达峰值功率高、输出范围长，可与现有的光学元件与器件(如调制器、隔离器和探测器)以及大气传输特性匹配，容易实现主振荡器—功率放大器(MOPA)结构。此外，固体激光雷达还具有效率高、体积小、重量轻、可靠性高和稳定性好等优点。

(2) 气体激光雷达。以 CO_2 激光雷达为代表，气体激光雷达工作在红外波段，大气传输衰减小，探测距离远，在大气风场和环境监测方面发挥了很大作用。但气体激光雷达体积大，使用过程中红外 HgCdTe 探测器必须在 77 K 温度下工作，限制了气体激光雷达的发展。

(3) 半导体激光雷达。半导体激光雷达能以高重复频率方式连续工作，具有寿命长、体积小、低成本和对人眼伤害小的优点，被广泛应用于后向散射信号比较强的 Mie 散射测量，如探测云底高度。半导体激光雷达的潜在应用是测量能见度、获得大气边界层中的气溶胶消光廓线以及识别雨雪等，易于制成机载设备。目前芬兰 Vaisala 公司研制的 CT25K 激光测云仪是半导体激光雷达的典型代表，其云底高度的测量范围可达 7500 m。

2. 扫描方式

按照扫描方式的不同，激光雷达主要分为以下几种。

(1) MEMS 型激光雷达。MEMS 型激光雷达可以动态调整自己的扫描模式来聚焦特定目标，能够采集更远更小物体的细节信息并对其进行识别，这是传统机械激光雷达无法实现的。MEMS 型激光雷达的整套系统只需一个很小的反射镜就能引导固定的激光束射向不同方向。由于反射镜很小，因此该雷达的惯性力矩并不大，可以快速移动，速度快到可以在不到一秒时间里跟踪到 2D 扫描模式。

(2) Flash 型激光雷达。Flash 型激光雷达能快速记录整个场景，避免了扫描过程中目标或激光雷达移动带来的各种麻烦，运行方式与相机类似。激光束会直接向各个方向漫射，因此只要一次快闪就能照亮整个场景，系统会利用微型传感器阵列采集不同方向反射回来的激光束。Flash 型激光雷达也存在一定的缺陷，当像素较大、需要处理的信号较多时，此时大量像素被同时塞进光电探测器，会带来各种干扰，导致测量精度的大幅下降。

(3) 相控阵激光雷达。相控阵激光雷达搭载的一排发射器可以通过调整信号的相对相位来改变激光束的发射方向。目前大多数相控阵激光雷达还处于实验室研发阶段，技术尚不成熟。

(4) 机械旋转式激光雷达。机械旋转式激光雷达是发展得比较早的激光雷达，技术比较成熟，但机械旋转式激光雷达系统结构十分复杂，且各核心组件价格颇为昂贵。核心结构包括激光器、扫描器、光学组件、光电探测器、接收 IC 以及位置和导航器件等。该款雷达的硬件成本高，量产困难，且稳定性也有待提升。

3. 线数

按照线数的不同，激光雷达主要分为以下几类。

(1) 单线激光雷达。单线激光雷达主要用于规避障碍物，其扫描速度快、分辨率高、可靠性好。相比于多线和 3D 激光雷达，单线激光雷达在角频率和灵敏度反应方面有优势，因此在测试周围障碍物的距离和精度上更加精确。但是，单线雷达只能进行平面式扫描，不能测量物体高度，有一定的局限性，主要应用于服务机器人，如我们常见的扫地机器人。

(2) 多线激光雷达。多线激光雷达主要应用于汽车的雷达成像，相比单线激光雷达，在维度提升和场景还原上有了质的改变，可以识别物体的高度信息。多线激光雷达常规是 2.5D(维)，也可以做到 3D，目前在国际市场上推出的主要有 4 线、8 线、16 线、32 线和 64 线激光雷达，线数越高，三维信息越全面，处理的数据量越大。

图 5-5 为大疆 mid-70 激光雷达三维点云建图效果，图中可用灰色度较高的颜色代表点云的深度，激光雷达可以较好地还原物体的表面信息。目前市场上常见的激光雷达厂家和型号如表 5-7 所示。

图 5-5　激光雷达三维点云建图效果

表 5-7 常见国产激光雷达

企业	核心产品	雷达类型	应用领域
思岚科技	RPLIDAR 系列	机械	机器人、AGV
禾赛科技	PandarGT/Pandora/Pandar 40 系列	机械/固态	无人驾驶、机器人
北醒光子	TF 系列单点测距激光雷达	固态	无人车、机器人、AGV
玩智商	YDLIDAR 系列激光雷达	固态	机器人
镭神智能	N301 系列激光雷达	固态	服务机器人、AGV、无人机
大疆	MID40/70/100 系列	固态	无人驾驶

5.2 常用输入输出接口

输入输出接口可以实现微处理器与外围器件的通信，分为串行通信和并行通信两大类。串行通信只需要一根数据线，按照位顺序发送数据，通信距离可以达几米到几千米不等。并行通信需要 8、16、32 或 64 根数据线并行发送和接收数据，由于并行通信无法携带时钟信息，为确保数据时序一致，需要额外的时钟信号线。并行通信速度快，但是相应的线路成本较高且抗干扰能力较差，因此通信距离有限，多用于计算机或 PLC 各种内部总线的数据传输。串行通信因其外设简单、成本距离远更受欢迎，常用的串行通信硬件接口形式有 UART 口、COM 口和 USB 口。串行通信的电平标准有 TTL、RS-232 和 RS485，初学者应注意串行通信硬件接口和电平标准之间的区别。

根据使用时钟的不同，串行通信分为同步通信和异步通信，发送方和接收方按照同一个时钟节拍工作叫作同步；发送方和接收方没有统一的时钟节拍、各自按照自己的节拍工作就叫作异步。同步通信时，通信双方按照统一节拍工作，所以配合很好，一般需要发送方给接收方发送信息同时发送时钟信号，接收方根据发送方给它的时钟信号来安排自己的节奏。同步通信用于通信双方信息交换频率固定或者需要经常通信的情况；在双方通信的频率不固定(有时 3 ms 收发一次，有时 3 天才收发一次)时，不适合使用同步通信，应使用异步通信。异步通信时，接收方不必一直在意发送方，发送方需要发送信息时会首先给接收方一个信息开始的起始信号，接收方接收到起始信号后就认为后面紧跟着的是有效信息，才会开始注意接收信息，直到收到发送方发过来的结束标志。SPI 和 I^2C 属于同步通信，UART 属于异步通信。

根据数据传输的方向，串行通信可以分为单工、半双工和全双工 3 种通信方式。单工通信只有一根数据线，通信只在一个方向上进行，这种方式的应用实例有监视器、打印机、电视机等；半双工通信也只有一根数据线，与单工通信不同的是，这根数据线既可用于发送又可用于接收，虽然数据可在两个方向上传送，但通信双方不能同时收发数据；全双工通信时，数据的发送和接收用两根不同的数据线，通信双方在同一时刻能同时进行发送和接收，在这种方式下，通信双方都有发送器和接收器，发送和接收可同时进行，没有时间延迟。

5.2.1　SPI 总线

SPI 总线是一种主从式、同步、全双工的接口。主从式是指传输数据的两方分为主节点与从节点；同步是指主节点与从节点的通信依靠时钟的上升沿和下降沿同步进行；全双工是指主节点与从节点可同时传输数据。SPI 总线广泛用于微控制器与传感器、数模转换器、模数转换器、寄存器、存储器等外围设备的通信。SPI 没有明确的传输速度限制，一般可实现 10 Mb/s 的通信速率，适合于数据高速传输的场合。

SPI 总线为三线接口或四线接口，分别如图 5-6 和图 5-7 所示，两者的主要区别在于：

(1) 三线是半双工方式，四线是全双工方式。

(2) 三线接收和发送的数据线都是在同一根线上，四线的接收和发送的数据线是分开的。

(3) 三线带片选，四线不带片选。

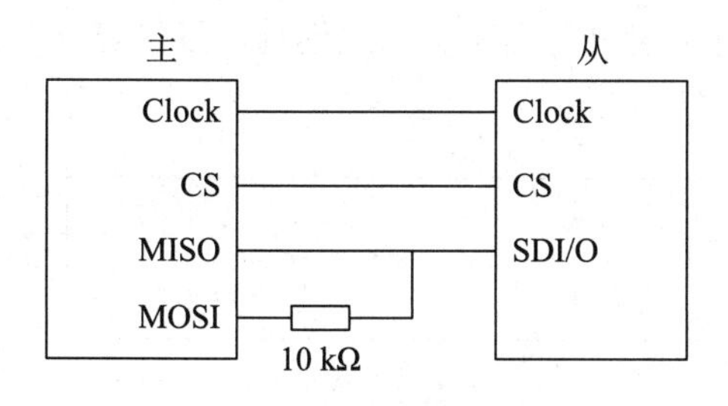

图 5-6　三线 SPI 接口

主　从

Clock　Clock

CS　CS

MISO　SDI/O

MOSI　SDI

图 5-7　四线 SPI 接口

各个引脚的含义如下：

Clock：时钟信号，用来同步主从之间的通信，通常也写为 SPI CLK、SCLK，生成时钟信号的节点为主节点，接收时钟信号并与主节点同步的为从节点。主节点只有一个，从节点的数量可以为多个。

CS：片选信号。用来选通从节点。如果有多个从节点，需要有额外的引脚或电路选择特定的从节点。

MOSI：Master Out, Slave In，主节点输出、从节点输入。

MISO: Master In, Slave Out，主节点输入、从节点输出。

5.2.2　I²C 总线

I²C(亦写为 I2C、IIC，是 Inter IC 的缩写)总线是一种同步、多主/从、基于数据包的串行总线。总线中的每一个节点都拥有独一无二的地址，其中，负责生成总线时钟信号的节点为主节点。

I²C 总线上的所有节点均通过两根信号线连接，因此会发生多个节点同时传输数据的情况。为了协调节点之间的通信，避免通信冲突，I²C 提供了传输冲突检测和仲裁机制功能。I²C 总线的传输速率为 100 kb/s(标准模式)、400 kb/s(快速模式)或 3.4 Mb/s(高速模式)。此外，还有超快模式(UFM)，但其本质上已不属于 I²C 总线。作为一个成熟的通信方式，I²C 的优点在于，连线简单(仅需两条数据线)、支持多主/从、传输可靠，其缺点在于传输速率要低于 SPI 总线，数据帧长度被限制在 8 bits，I^{2}C 总线的物理接口如图 5-8 所示。

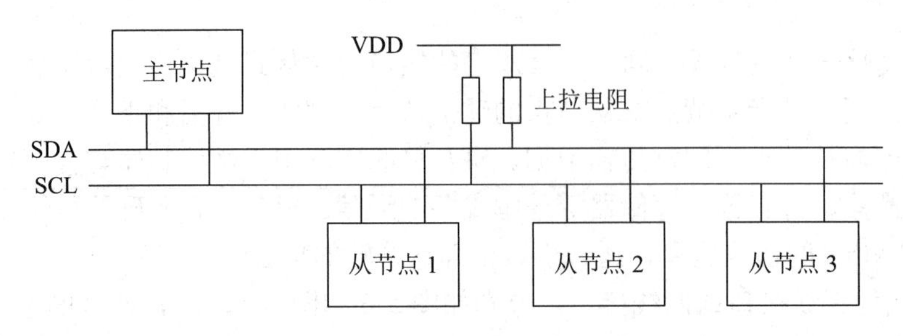

图 5-8　I^{2}C 总线的物理接口

I^{2}C 总线使用如下两条数据线：SDA(Serial Data，串行数据)用于在主节点和从节点之间传输数据，属于一种串行通信总线，数据在 SDA 线上逐字节传输；SCL(Serial Clock，串行时钟)用于传输时钟信号，由主节点控制。

I^{2}C 协议通过 Message(消息)来传输数据，每个消息包括从节点的地址、发给该从节点的数据和用于控制的帧，如图 5-9 所示。

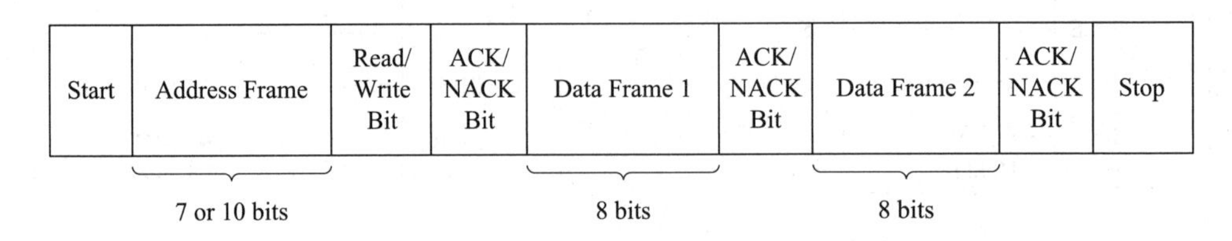

图 5-9　I^{2}C 消息结构

Start：起始条件。在 SCL 从高电平转换为低电平前，SDA 从高电平转换为低电平。

Stop：终止条件。在 SCL 从低电平转换为高电平后，SDA 从低电平转换为高电平。

Address Frame：地址帧。标记本消息的目的地为从节点的地址。因为所有的节点都连接至两条数据线上但又没有选通引脚，所以主节点发送的消息将到达所有从节点，从节点通过地址识别本条消息是否是发送给自己的。

Data Frame：数据帧。数据帧长度为固定的 8 位，一条消息中可包含多个数据帧。

Read/Write Bit：读写位。标记数据传输方向。低电平代表主节点将发送数据至从节点，高电平代表主节点将获取从节点数据。

ACK/NACK Bit：响应/无响应位。消息中的每个数据帧都跟随一个响应/无响应位。如果地址或数据帧被成功接收，则接收方反馈响应位给发送方。

5.2.3　UART

UART 是 Universal Asynchronous Receiver/Transmitter (通用异步收发器)的缩写，是一种点对点的、异步的、全双工的、串行的通信协议，是最常用的设备、器件间的通信方式之一。UART 在单向通信中仅需要一根数据线，在双向通信中需要两根数据线。UART 的优点是物理连接简单，成本较低；其缺点是速度较慢。UART 物理连接如图 5-10 所示，Rx 和 Tx 分别为接收器和发送器。

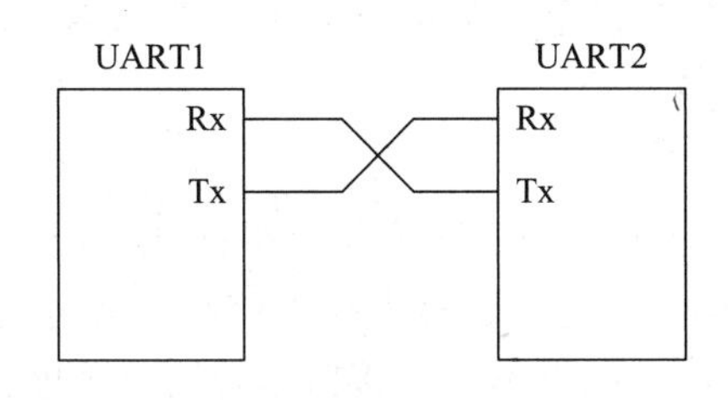

图 5-10　UART 物理连接

UART 的异步通信不是依靠时钟信号来同步地将数据从发送方传送到接收方的，而是采用预先设置的速度异步、逐位、串行地传输数据的。传输数据的双方需要设置相同的速度，即波特率，作为每秒传输的最大比特数，通常取 9600 b/s，19 200 b/s，38 400 b/s，57 600 b/s，115 200 b/s，230 400 b/s，460 800 b/s，921 600 b/s，1 000 000 b/s，1 500 000 b/s。UART 以数据包的形式传输数据，其数据包结构如表 5-8 所示。

表 5-8　UART 数据包结构

Start Bits	Data Frame	Parity Bits	Stop Bits
1 bit	5 to 9 bits	0 to 1 bit	1 to 2 bits

Start Bits：起始位。UART 数据线在不传输数据时为高电平，当发送方将数据线从高电平拉至低电平并保持一个时钟周期、接收方接收到从高电平到低电平的下降沿时，即开始以波特率换算的频率读取数据。

Data Frame 和 Parity Bits：数据帧和奇偶位。传输的数据保存在数据帧中，长度是 5～9 位(不使用奇偶位)或 5～8 位(使用奇偶位)，小头优先。奇偶位反映的是数据中高电平的总数是奇数还是偶数，如果为 0 则数据帧中的高电平(1)的计数为偶数；如果为 1 则数据帧中高电平(1)的计数为奇数。接收方用奇偶位验证数据传输是否正确，奇偶位与实际接收的数据匹配时，认为传输正确。

Stop Bits：停止位。数据线从低电平拉到高电平并保持 1～2 个周期表示数据包结束。

5.2.4　串行通信的电平标准

大多数传感器会提供 TLL、RS232、RS422 和 RS485 等多种电平标准供用户选择，URAT 只对信号的时序进行了定义，未定义接口的电气特性。不同的器件之间通信一般不能直接连接，仍需要使用基于 UART 的其他电平标准。计算机最终能识别的信号是一串“0101”交替的二进制数据，而要将外部的传感器的模拟信号(通常是电压信号)转换成计算机可以识别的信号就要经过模数转换，那么高于多少伏的电压需要转换成逻辑高电平“1”，低于多少伏的电压需要转换成逻辑低电平“0”，串行通信的几种电平标准对这一问题作了明确规定。

1) TTL 电平

TTL(Transistor Transistor Logic)即晶体管—晶体管逻辑电平，TTL 电平标准中规定+5 V 等价于逻辑“1”，0 V 等价于逻辑“0”(采用二进制来表示数据时)。一般的电子设备大多使用 TTL 电平，但是它的驱动能力和抗干扰能力很差，不适合作为外部的通信标准。在使用 TTL 电平的外部传感器连接电脑时，通常需要使用 TTL 转 USB 的转换器；而在将 TTL

电平的传感器连接单片机时，如果单片机也是TTL电平，则根据接头的不同，直接将对应的线连接即可。

2) RS232电平

实际上这几个标准同时对应了通信协议和电平标准，RS232的电平标准中规定+3～+15 V对应逻辑“0”，–3～–15 V对应逻辑“1”。该系统采用全双工制，要求有3种线路：地线、发送线和接收线。但存在如下不足：接口信号的电平值较高，容易损坏接口电路芯片；因为与TTL电平不兼容，通常要使用电平转换电路，方能与TTL电路连接；抗干扰能力不强；传送距离有限，通常在15 m以内；仅能实现点对点通信；传输速率较低，在异步传输的情况下，波特率为20 kb/s。

3) RS485电平

RS485传输的是差分信号，以两线电压差+(2～6) V表示逻辑1，以两线电压差–(2～6)V表示逻辑0。差分信号相比于RS232传输的单端信号(采用公共地)，对内部公共地的电压一致性要求低，对外部电磁干扰高度免疫，能够更容易地处理双极信号。相比于RS232，RS485具有如下优点：RS485采用平衡发射和差分接收，具有很好的抗干扰能力，信号可达千米以上；RS485有两线制线路和四线制线路，可以连接多达32个节点，可实现真正意义上的多点通信，但其通常采用的是主从式通信，即一台主机同时带多个节点；由于RS485接口具有抗干扰能力强、传输距离远、多站能力强等优点，成为首选的串行接口；传输速率高，最高传输速率可达到10 Mb/s。

5.3 常用微控制器

微控制器，相当于人的大脑，为整个系统提供数据处理、运算和储存等功能，微控制器选型时应考虑如下几点：

(1) 处理器资源。考虑处理器工作频率、功耗、存储器容量、寄存器数量、堆栈数量、中断类型和数量、定时器等是否满足项目需求。

(2) 硬件接口。考虑数字输入输出的数量，数模转换器和模数转换器的数量、精度、转换速度、范围，对SPI、I^2C、UART、CAN、USB等接口的支持等。

(3) 软件编程。考虑编程语言的学习成本、IDE易用程度、核心库函数是否丰富、程序下载是否便利、是否支持在线调试、技术社区是否活跃等。技术社区是否活跃决定了是否有较多的开发案例可供借鉴，遇到问题是否能找到其他开发者请教或者讨论等。

5.3.1 Arduino

Arduino是基于RISC精简指令集的高速八位单片机的微控制器平台，如常用的Arduino Uno R3使用Atmega328P微控制器。Arduino平台包括硬件(Arduino板)和编程环境(Arduino IDE)。Arduino板提供数字I/O、模拟I/O、PWM、UART、SPI等硬件接口(见图5-11)，Arduino IDE可在Windows、Linux、MacOS等平台运行。Arduino的硬件原理图、电路图、IDE软件和核心库文件均已开源，使用Arduino的开发项目众多，技术社区活跃，编程软件经过

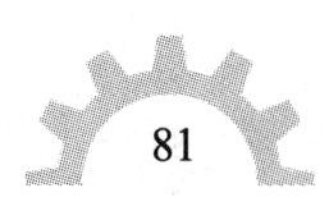

二次封装，将一些底层细节隐藏了起来，大大降低了开发者的学习成本，有利于缩短开发周期，快速实现和验证想法。

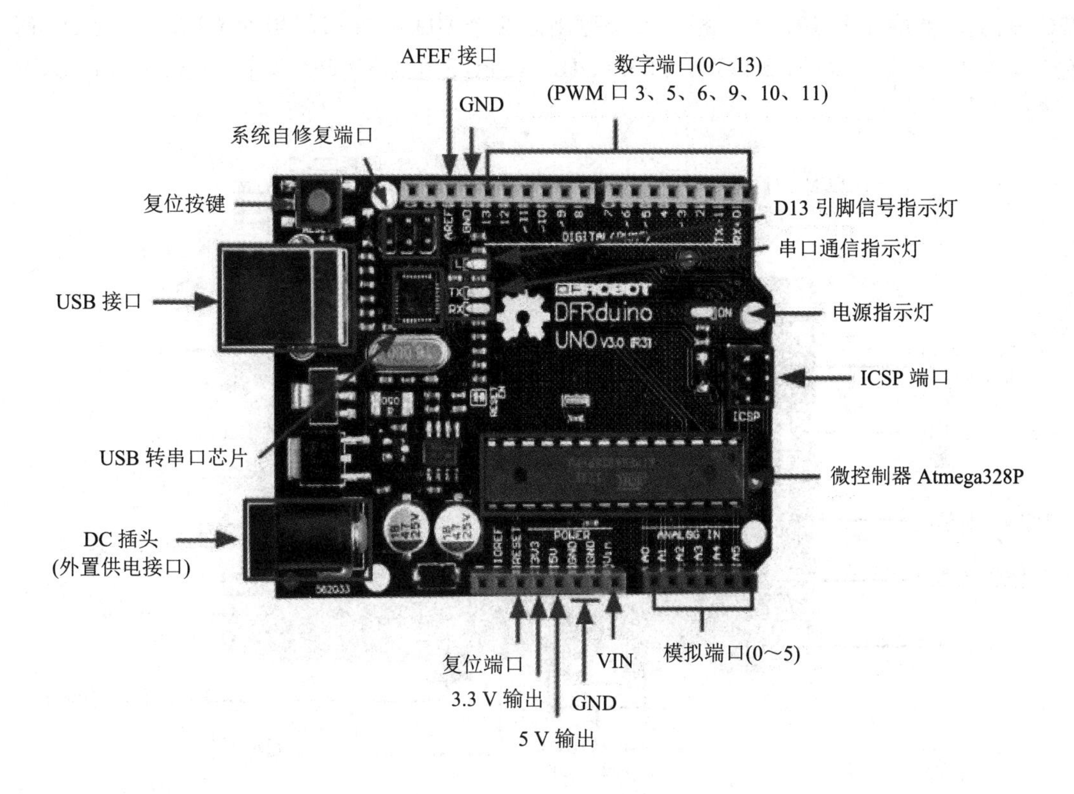

图 5-11　Arduino Uno R3 的硬件组成

以 Arduino Uno R3 为例，介绍 Arduino 的主要硬件接口：

(1) AVR 存储器，32 KB 片内 flash 用于存储程序，由于 AVR 指令的宽度是 16 位或者 32 位，因此 Flash 以 16 K × 16 的方式组织，除此以外，还有 2 KB SRAM 和 1 KB EEPROM。

(2) 系统时钟为 16 MHz。

(3) 14 个数字 I/O 端口，其中 6 个具有 PWM 能力。

(4) 6 个模拟输入端口。

(5) SPI 通信。

(6) UART，数字引脚 0 和 1 用于 UART。

5.3.2 Raspberry Pi

Raspberry Pi(树莓派)是由树莓派基金会开发的基于 ARM 微处理器的控制器平台，包括开发板与操作系统，对于需要操作系统的场合来说是首选。最新型号 Raspberry Pi 4 Model B(采用 BCM2711 微处理器)实物图如图 5-12 所示，硬件资源如下：

(1) 处理器。四核(心)64 位 Cortex-A72 内核，工作频率为 1.5 GHz。每个核心有包含 32 KB 数据和 48 KB 指令的 L1 缓存，1 MB 的 L2 缓存。

(2) 内存。最多支持 8 GB LPDDR4-2400 SDRAM。

(3) 输入输出接口。PCIe 总线，板载以太网接口，支持 2 个 DSI 显示屏接口(板上 1 个可用)，支持 2 个 CSI 摄像头接口(板上 1 个可用)，6 个 I2C 接口，6 个 UART 接口(与 I2C 复用)，支持 6 个 SPI 接口(板上 5 个可用)，2 个 HDMI 接口，40 个 GPIO，2 路 PWM 输出，蓝牙，千兆以太网，2.4 GHz 和 5.0 GHz Wi-Fi，2 个 USB 2.0，2 个 USB 3.0，MicroSD 卡槽。

图 5-12　Raspberry Pi 4 Model B 实物图

Raspberry Pi OS 是运行于树莓派开发板上的基于 Debian 的操作系统，带有图形化桌面。树莓派也是一个运行 Linux 的电脑，适合需要图形界面的项目。Raspberry Pi OS 的开发活动非常活跃，这也保证了其安全性和稳定性，许多 Debian 软件包也可以在 Raspberry Pi OS 上安装。需要注意的是，Raspberry Pi OS 并不是一个实时操作系统，运行在上面的软件可能无法满足实时性要求，如不适用于电机的精确控制或精密测量的场合等，这一点与 Arduino 系统不同，需要在设计定型之前验证方案的实时性。

树莓派的运行软件编写主要有两种方式：

(1) 交叉编译。交叉编译是指在桌面计算机上配置针对树莓派的编译器和库文件，在编译后生成对应于树莓派的可运行文件，再下载该文件至树莓派运行。此种方式可以借助桌面计算机的强大计算能力，缩短编译时间；但其缺点是配置和部署的流程比较复杂。

(2) 在树莓派上直接开发。运行 IDE 并连接鼠标、键盘和显示器编写树莓派程序，也可以通过 VNC 远程登录树莓派以编写程序。配置和部署的时间得到显著缩短，虽然编译时间相对较长，但树莓派上运行的程序通常不大，所以编译时间造成的差距并不明显。此外，随着树莓派系统的升级，数据处理能力不断提高，内存容量不断增大。因此，在树莓派上直接开发的方法逐渐成为开发人员的首选。

5.3.3　STM32

STM32 是意法半导体公司出品的一个基于 ARM Cortex 内核的 32 位微处理器家族，产品线非常丰富，从超低功耗到超高性能的产品都有覆盖，广泛应用于电机控制、消费电子、数字电源、物联网、语音设备、通信设备、医疗设备、人工智能网络等领域。STM32 处理器家族如图 5-13 所示。STM32 开发成本较低，拥有丰富的外设和强大的开发工具，并且同样拥有活跃的技术社区。

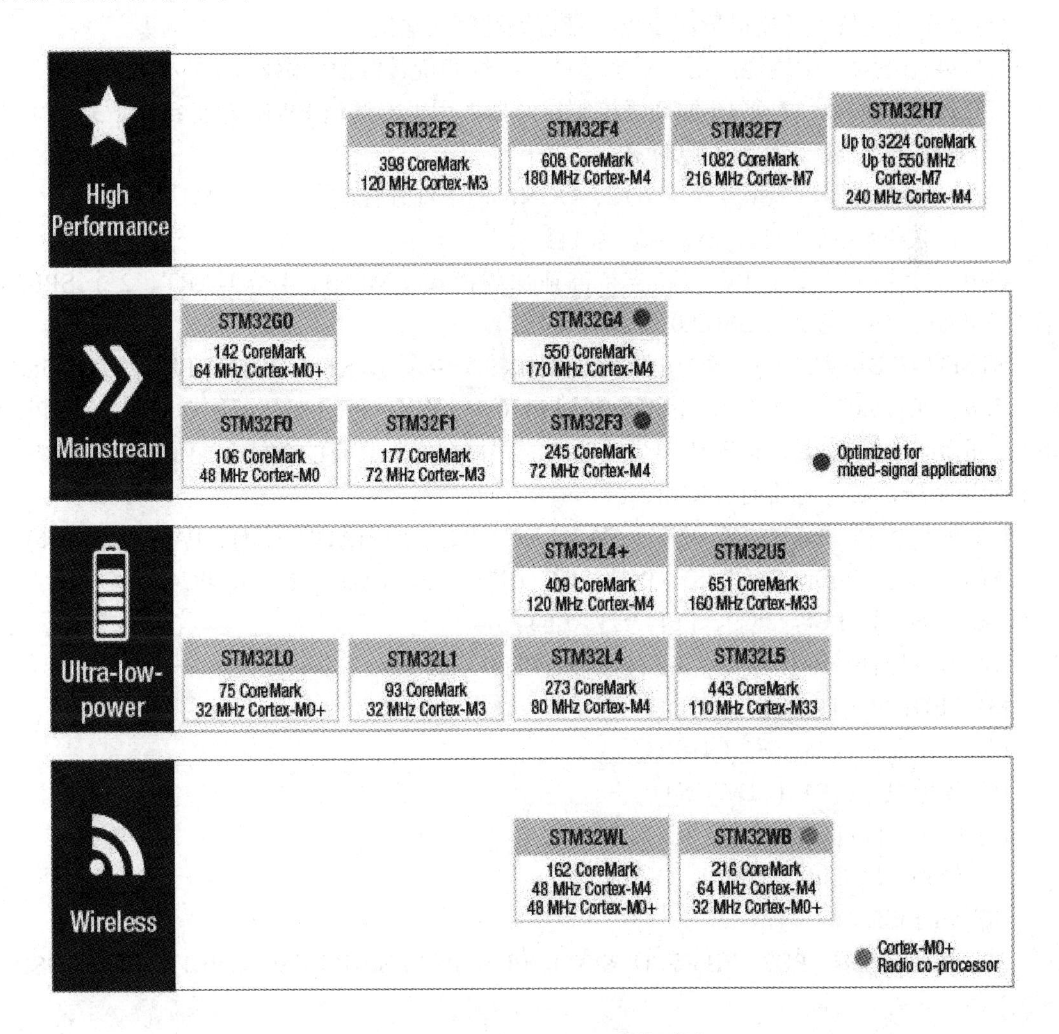

图 5-13　STM32 处理器家族型号

相比于 Arduino、Raspberry Pi 和 Jetson，基于 STM32 的开发板种类繁多，许多嵌入式厂商都生产基于 STM32 系列芯片的微控制器和开发板。意法半导体公司也生产开发板(评估板)。通过开发板可以迅速地验证想法，评估硬件选型和软件程序。如果需要量产，则可在验证通过之后根据需要设计控制板，可以仅包含必要的电路，节省单件成本。如果对控制板有尺寸或功耗上的特殊要求，也可以自行设计控制板，实现小尺寸和低功耗。

下面以 STM32072B-EVAL 评估板为例，介绍基于 STM32 的处理器的典型硬件组成，STM32F072VBT6 处理器的硬件资源如下。

(1) 内核：32 位 ARM Cortex-M0 CPU，48 MHz 工作频率。

(2) 存储器：片内 128 KB Flash，片内 16 KB SRAM 带硬件奇偶。

(3) CRC 计算单元：多至 87 个快速 I/O，均映射到外部中断向量，68 个可容忍 5 V 信号，19 个有独立 7 通道 DMA 控制器。

(4) 1 个 12 位 1 μs 模数转换器 ADC(多至 16 个通道)，转换范围 0～3.6 V。

(5) 2 个快速低功耗模拟量比较器，带可编程输入输出。

(6) 24 个电容感知通道，用于触摸按键、线性和旋转触摸传感器。

(7) 12 个定时器：2 个 16 位高级控制定时器，用于 6 通道 PWM 输出；1 个 32 位和 7 个 16 位通用定时器；2 个基本定时器。

(8) 16 位定时器，多至 4 个 IC/OC、OCN，用于红外控制解码或 DAC 控制。

(9) 独立和系统看门狗，SysTick 定时器。

(10) 通信接口：2 个 I^2C 接口支持高速加载模式(1 Mb/s)、4 个 UART、2 个 SPI(速率 18 Mb/s)、CAN 接口、USB2.0 和 HDMI 接口。

STM32072B-EVAL 评估板的电路原理图如图 5-14 所示，STM32F072VBT6 的 PA[15:0]、PB[15:0]、PC[15:0]、PD[15:0]、PE[15:0]、PF[10:9]、PF6、PF[3:0]都可作为通用 I/O(GPIO)使用，也可以通过配置寄存器切换至其他功能。每个引脚具有的功能和配置方法需参考芯片的使用手册，芯片主要的引脚如下。

(1) 电机控制：PA1(ADC_IN1)、PA2(ADC_IN2)、PA3(ADC_IN3)、PA6(ADC_IN6)、PA7(ADC_IN7)、PB0(ADC_IN8)、PC2(ADC_IN12)、PC3(ADC_IN13)、PC4(ADC_IN14)、PC5(ADC_IN15)、PC8、PC9、PE[13:7]、PF3。

(2) 游戏摇杆：PA0、PE2、PE3、PF9、PF10。

(3) LED：PD[11:8]。

(4) 电位器：PC0(ADC_IN10)。

(5) 光敏电阻：PA1(ADC_IN1)。

(6) CAN 接口：PD0(CAN_RX)、PD1(CAN_TX)。

(7) 红外：PC6(in)、PB9(IR_OUT)。

(8) MicroSD。

(9) 液晶点阵屏：PB2、PB3(SPI1_SCK)、PE6、PE14(SPI1_MISO)、PE15(SPI1_MOSI)、PF2。

(10) EEPROM。

(11) 温度传感器：PB5、PB6(I2C1_SCL)、PB7(I2C1_SDA)、PD7RS232、RS485。

(12) 红外：PA14(USART2_TX)、PA15(USART2_RX)、PD3(USART2_CTS)、PD4(USART2_RTS)、PD5(USART2_TX)、PD6(USART2_RX)。

STM32 系统主要由 CPU 芯片、时钟电路、复位电路和电源电路 4 个部分组成，为了调试程序方便，还应加入调试接口电路。下面具体介绍 STM32 系统的各部分电路。

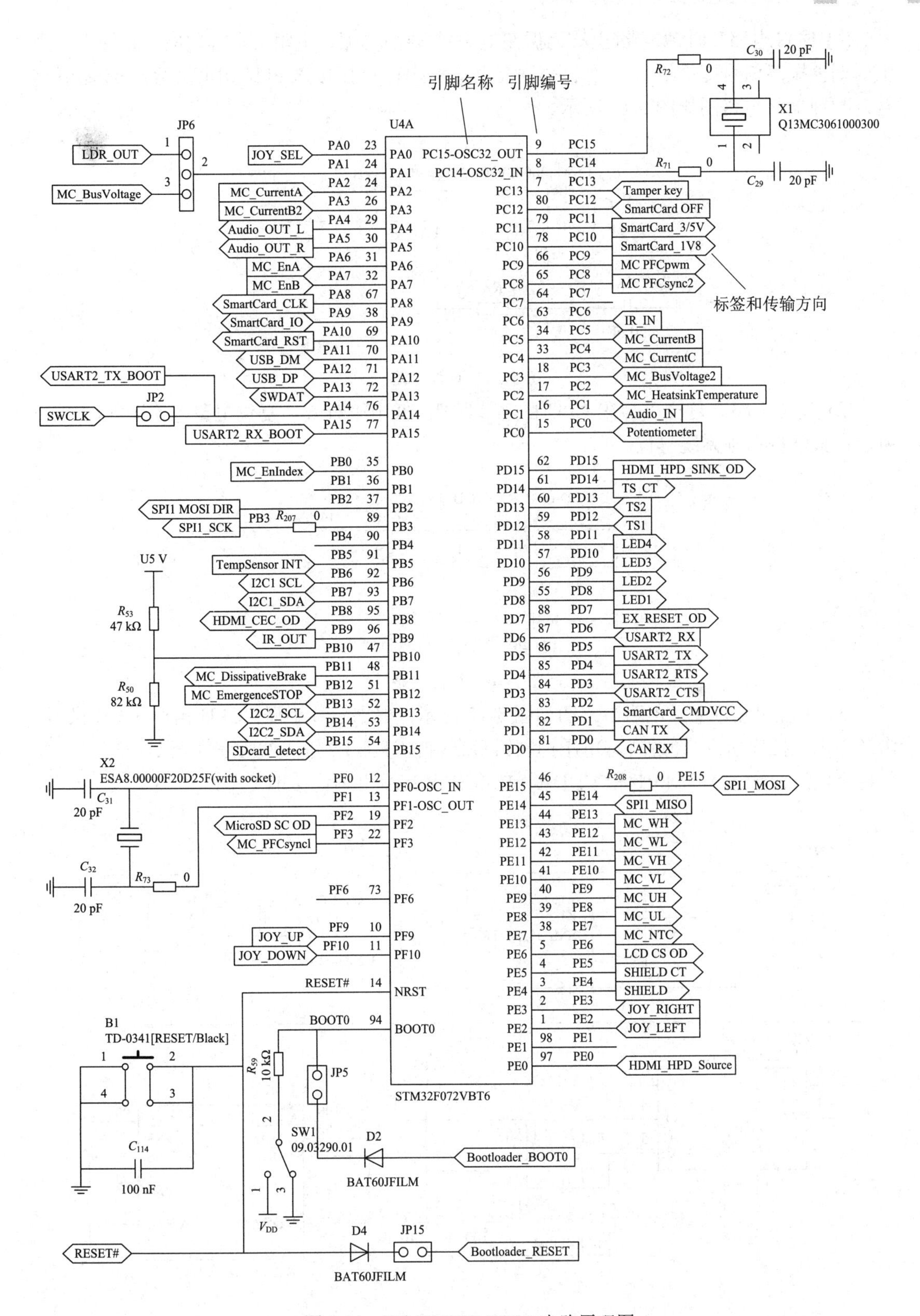

图 5-14　STM32072B-EVAL 电路原理图

(1) 时钟电路。时钟电路(也称为振荡电路)主要由晶振、电阻、电容构成。时钟电路产生周期性振荡信号提供给 CPU 作为时钟信号，8 MHz 晶振接入 PF[1:0]来供给 CPU 时钟信号，时钟电路电路图如图 5-15 所示。

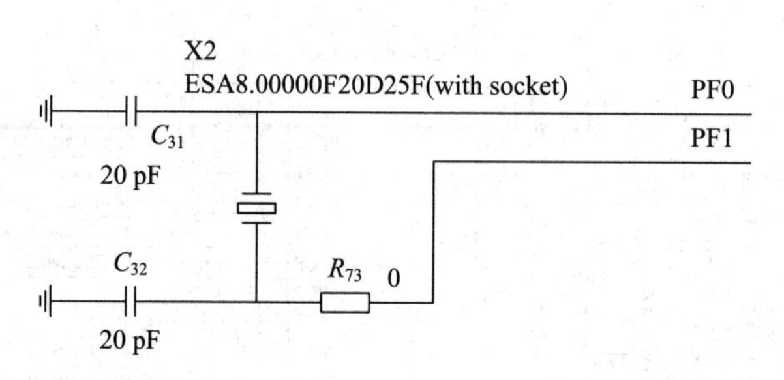

图 5-15 时钟电路

(2) 复位电路。复位引脚在 CPU 的第 14 脚，低电平有效，复位电路电路图如图 5-16 所示，按下按钮则系统复位。

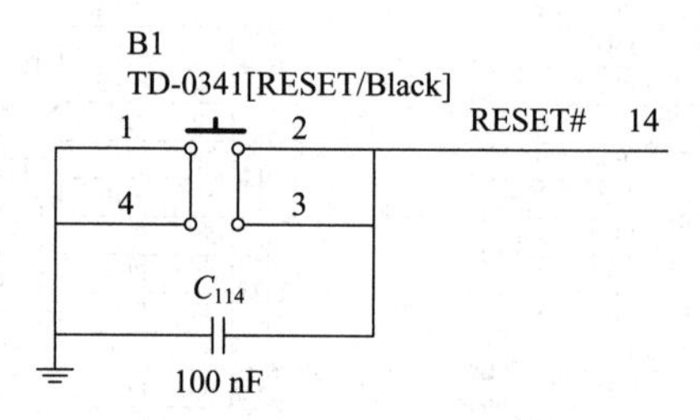

图 5-16 复位电路

(3) 电源电路。电源电路电路图如图 5-17 所示，根据芯片手册，CPU 需要 3.3 V 供电，电源由电源插座引入，经过瞬态电压抑制器 U21 和滤波器 L2 进入线性稳压器 U7 产生 3.3 V 的稳定电压，输入 VDD[3:1]和 VDDA，VSS 和 VSSA 引脚均接地。

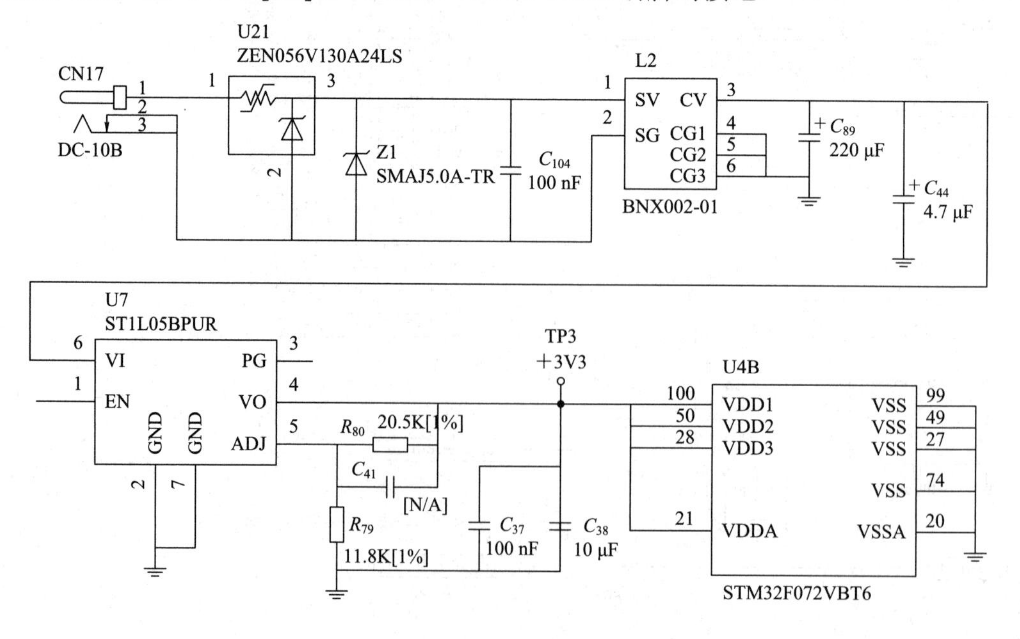

图 5-17 电源电路

(4) 调试接口电路。使用插座或者插针引出 JTAG 接口，分别连接 CPU 的 34 和 37 引脚，用于调试。同时设置两个 LED 灯，通过电路接入 30 引脚，用于观察调试和程序运行状态，如图 5-18 所示。

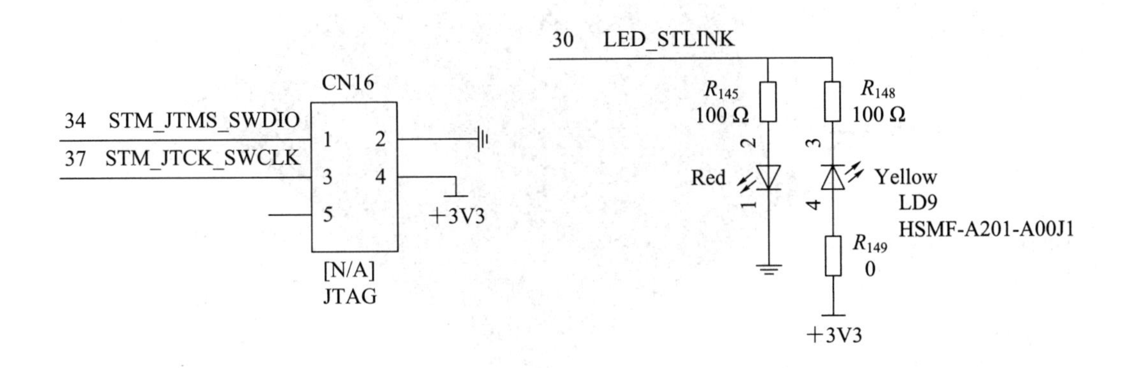

图 5-18　调试接口电路

STM32 的编译环境主要有两种。

(1) Keil。Keil 是最常用的 STM32 开发平台，仅支持 Windows 系统。优点是配置简单、容易上手，对处理器的支持全面，开发库丰富，调试功能强大，可通过 JATG 或者 STLINK 进行在线调试，也可以进行离线模拟仿真，调试时可方便地观察寄存器、内存和堆栈的信息。

(2) STM32CubeMX。STM32CubeMX 是意法半导体公司的图形化工具，支持时钟、外设、中间件的配置，也支持初始代码的生成。该工具的扩展包比较丰富，可搭配 IDE 使用，如 STM32CubeIDE 和 Clion IDE。STM32CubeIDE 是意法半导体的基于 Eclipse 框架、GCC 工具链和 GDB 调试器的 IDE，支持 Windows、Linux 和 MacOS 系统。Clion IDE 是由 JetBrains 公司出品的。

5.3.4　计算平台

Jetson 作为主流的计算平台之一，是 Nvidia 公司推出的边缘 AI 平台，包括 Jetson 控制器/计算机，加速软件 JetPack SDK，以及包括传感器、SDK、服务和产品在内的生态系统。Jetson 平台的计算资源由基于 ARM 的 CPU 和基于 CUDA 或 Tensor 核心的 GPU 组成，可满足人工智能计算的需要。并且，Nvidia 平台上的 AI 软件可移植至 Jetson 平台，因而，Jetson 控制器(作为边缘节点)很适合用来处理人工智能相关的计算。Jetson Nano 是 Jetson 平台最经济的一款，如图 5-19 所示，它支持流行的 AI 框架和算法，如 TensorFlow、PyTorch、Caffe / Caffe2、Keras 和 MXNet 等，适合需要人工智能算力的嵌入式物联网应用，如带有视觉引导的机器人、智能小车和工业视觉终端等。

图 5-19 Jetson Nano 实物图

Jetson Nano 的主要技术规格如下。

(1) GPU：Maxwell 架构，128 个 CUDA 核心，0.5 TFLOPS 算力。

(2) CPU：四核心 ARM Cortex-A57 处理器。

(3) 显存：4 GB 64 位 LPDDR4-1600。

(4) 存储：16 GB eMMC5.1 闪存。

(5) 摄像头：12 通道(3 × 4 或 4 × 2)MIPI CSI-2 D-PHY 1.1。

(6) 连接：千兆以太网，可扩展 Wi-Fi。

(7) 显示端口：HDMI 或 DP1.2。

(8) 输入输出：1 个 x1/2/4 PCIE、1 个 USB 3.0、3 个 USB 2.0、3 个 UART、2 个 SPI、4 个 I^2C 和 13 个 GPIO。

在编译环境方面，Nvidia 为 Jetson Nano 提供了系统镜像，镜像中包含 Ubuntu 系统和配置好的 CUDA 和 OpenCV 环境。程序的编写一般在 Jetson Nano 上完成，常用的 IDE 是 Code-OSS 和 Qt。鉴于 Jetson Nano 的算力，一般不用于训练 AI 模型，而是将在桌面系统中训练好的模型导入 Jetson Nano 运行以完成识别任务，计算结果再通过输出接口控制周边设备。

5.4 机器人操作系统

5.4.1 机器人操作系统简介

ROS 是开源的机器人操作系统(Robot Operating System)的英文缩写，原型源自斯坦福大学的 STanford Artificial Intelligence Robot(STAIR)和 Personal Robotics(PR)项目。ROS 是一

种具有高度灵活性的软件架构，用于编写机器人软件程序，是机器人的一种后操作系统，或者说次级操作系统。ROS 提供类似操作系统所提供的功能，包含硬件抽象描述、底层驱动程序管理、共用功能的执行、程序间的消息传递和程序发行包管理；它也提供一些工具程序和库用于获取、建立、编写和运行多机整合的程序。ROS 的首要设计目标是在机器人研发领域提高代码复用率。ROS 是一种分布式处理框架(又名 Nodes)，这使可执行文件能被单独设计，并且在运行时松散耦合，这些过程可以封装到数据包(Packages)和堆栈(Stacks)中，以便于共享和分发。

ROS 分为两层，包括底层和上层。底层是操作系统层，上层是广大用户编写并提供的各种不同功能的软件包，比如定位导航、运动规划等。所以实际上 ROS 可以看成是一个中间层，作为提供者重新封装底层硬件调用的应用程序接口 API(这些重新封装的 API 称为客户端库)，运用这些库可以实现硬件调用，以此实现各种不同的功能，如使用激光雷达扫描生成周围环境的 2D 地图。

ROS 的运行架构是一种使用 ROS 通信模块实现模块间 P2P 的松耦合的网络连接的处理架构，它执行若干种通信方式，包括基于服务的同步 RPC(远程过程调用)通信、基于 Topic 的异步数据流通信、参数服务器上的数据存储。但是 ROS 本身并没有实时性。ROS 的主要特点可以归纳为以下几条。

(1) 点对点设计。一个使用 ROS 的系统包括一系列进程，这些进程存在于多个不同的主机并且在运行过程中通过端对端的拓扑结构进行联系。虽然基于中心服务器的那些软件框架也可以实现多进程和多主机的优势，但是在这些框架中，当各电脑通过不同的网络进行连接时，中心数据服务器就会发生问题。 ROS 的点对点设计以及服务和节点管理器等机制可以分散由计算机视觉和语音识别等功能带来的实时计算压力，能够适应多机器人系统遇到的挑战。

(2) 多语言支持。由于学习经历和个人习惯不同，每位程序员会偏向使用一到两种编程语言，然而市场上每年成熟的编程语言较多，为了提高机器人操作系统对语言的普适性，ROS 系统现在支持多种语言接口(例如 C、C++、Python、Octave 和 LISP 等)。为了支持交叉语言，ROS 利用简单、与语言无关的接口定义来描述模块之间的消息传送。接口定义语言使用了简短的文本去描述每条消息的结构，也允许消息的合成。

(3) 精简与集成。大多数已经存在的机器人软件工程都包含了可以在工程外重复使用的驱动和算法，不幸的是，由于多方面的原因，大部分代码的中间层都过于混乱，以至于很难提取出它的功能，也很难把它们从原型中提取出来应用到其他方面。ROS 建立的系统具有模块化的特点，各模块中的代码可以单独编译，而且编译使用的 CMake 工具使它很容易实现精简理念。ROS 基本上将复杂的代码封装在库里，只是创建了一些小的应用程序，使其具备 ROS 显示库的功能，这允许对简单的代码进行超越原型的移植和重新使用。当代码在库中分散后，单元测试也变得非常的容易，一个单独的测试程序可以测试库中的很多模块。ROS 利用了很多现在已经存在的开源项目的代码，比如说从 Player 项目中借鉴了驱动、运动控制和仿真方面的代码，从 OpenCV 中借鉴了视觉算法方面的代码，从 OpenRAVE 借鉴了规划算法的内容，等等。在每一个实例中，ROS 都用来显示多种多样的配置选项，用来与各软件之间进行数据通信，也同时对它们进行微小的包装和改动。ROS 可以不断从社区维护中进行升级，包括从其他的软件库、应用补丁中升级 ROS 的源代码。

(4) 工具包丰富。为了管理复杂的软件框架，ROS 利用了大量的小工具去编译和运行多种多样的 ROS 组件，从而将其设计成内核，而不是构建一个庞大的开发和运行环境。这些工具担任了各种各样的任务，例如，组织源代码的结构，获取和设置配置参数，形象化端对端的拓扑连接，测量频带使用宽度，生动地描绘信息数据，自动生成文档，等等。

(5) 免费且开源。ROS 所有的源代码都是公开发布的，可以促进 ROS 软件各层次的调试，不断改正错误。

5.4.2 机器人操作系统基本概念

ROS 常用的基本概念包括：

(1) 节点(node)。节点是一些执行运算任务的进程节点，节点之间通过传送消息进行通信。

(2) 消息(Message)。消息指传感器采集到的信息，即节点位置、温度和湿度消息等，消息以一种发布/订阅的方式进行传递。

(3) 话题(Topic)。话题是一种点对点的单向通信方式，这里的“点”指的是 node，也就是说，node 之间传递信息的方式被称为 Topic。

(4) 包(Package)。包是组织 ROS 代码的最基本单元，每一个 Package 都包括库文件、可执行文件和脚本等。

(5) 工作空间(WorkSpace)。工作空间用来存放很多不同 Package。

(6) 启动文件(ROSlaunch)。使用启动文件的目的是一次性启动多个节点。

(7) 节点管理器(Master)。节点管理器负责节点到节点的连接和消息通信，其功能类似于服务器(Server)。

(8) 发布器(Publisher)。发布器用来把相关的信息发送到 Topic。

(9) 订阅器(Subscribe)。订阅器用于订阅者节点接收来自某个话题的数据。为了可以正常执行订阅的操作，订阅者节点必须在节点管理器上注册自己想要订阅的话题等多种信息，并从节点管理器接收来自发布者的数据信息。同一个话题可以有多个发布者也可以有多个订阅者，但一般情况下发布者只有一个，而订阅者是一个或者多个。

5.5 设计实例——双轴倾角传感器通信测试

本节以 SINET-232 型双轴倾角传感器为例，介绍常用传感器接口的通信测试方法。SINET-232 型双轴倾角传感器是维特智能基于 MPU6050 陀螺仪芯片研发的电子型倾角开关，主要用于控制各种工程机械或设备平台水平，实时自动监测平台前后左右 4 个方向的倾斜状态，若其达到预设角度将产生报警输出。产品经过灌胶防水操作，可适用于各种恶劣工作环境，其主要性能指标如表 5-9 所示。

表 5-9　SINET-232 型双轴倾角传感器主要性能指标

参数	条件	指标	单位
测量轴	—	X、Y 轴	—
测量范围	—	±90	(°)
频率响应	DC 响应	100	Hz
分辨率	带宽 5 Hz	0.01	(°)
精度	-40～85℃	0.1	(°)
上电启动	—	0.5	s
重量	—	50	g
防水等级	—	IP67	—
输出信号	通信接口：S232；输出接口：开关量		
平均工作时间	≥55000 小时/次		
扩展性能	支持二次开发		

采用计算机对传感器进行通信测试时，计算机需要通过 USB 分配串口地址，因此计算机和传感器之间需要通过 USB 串口的转换模块进行连接。本节以维特智能的六合一串口模块(图 5-20)为例，介绍调试接线方法，该模块可以提供 USB-TTL、USB-485、USB-232、TTL-232、TTL-485 和 232-485 共 6 种串口转换功能。该模块的引脚定义如表 5-10 所示。

图 5-20　维特智能六合一串口模块

表 5-10　维特智能六合一串口转换模块引脚定义

引脚编号	引脚名称	引 脚 说 明
1	+5V	模块电源，5 V 输入
2	3V3	模块电源，3.3 V 输出
3	RX	串行数据输入，TTL 电平
4	TX	串行数据输出，TTL 电平
5	232R	串行数据输入，232 电平
6	232T	串行数据输出，232 电平
7	A	RS485 信号线 A
8	B	RS485 信号线 B
9	GND	地线
10	DTR	数据终端准备/控制流输出
11	RTS	请求发送

用计算机 USB 对 SINET-232 倾角传感器进行串口调试前，应将模块设置为 USB-232 模式，具体拨码和接线方法可参考相关手册。完成拨码和接线后将串口模块的 USB 接口插入电脑，安装 CH340 串口驱动软件，安装完成后可以在“计算机”→“属性”→“设备管理器”窗口查看新增加的串口号“Silicon Labs CP210x USB to UART Bridge(COM6)”，每台计算机随机分配的串口号不一样，但不影响调试，串口驱动软件安装后的设备管理器界面如图 5-21。

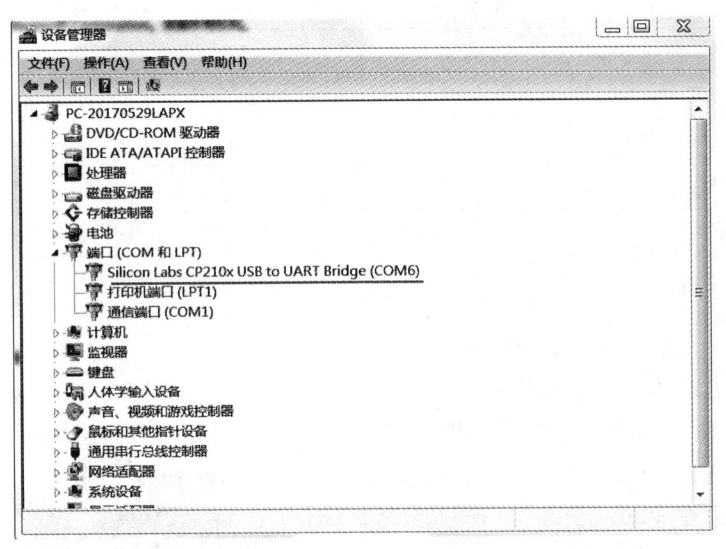

图 5-21 计算机串口驱动软件安装后的设备管理器界面

在计算机上打开倾角传感器自带的上位机调试界面，如图 5-22 所示。打开“串口”界面，选择“COM6”，将波特率设置为与传感器一致(9600)，界面上将显示 X 轴和 Y 轴的检测数据。商用的传感器一般还会提供免费的示例程序，该传感器官方提供了 51 单片机、Arduino、C#、Matlab、PLC、Python、STM32 和树莓派的示例程序，可以大大缩短用户的开发周期。

图 5-22 倾角传感器上位机调试界面

第 6 章　智能控制系统设计

6.1　智能控制系统总体设计

广义的智能控制系统一般以控制理论、计算机科学、人工智能和运筹学等学科知识为基础，涉及模糊逻辑、神经网络、专家系统、遗传算法等理论，以及自适应控制、自组织控制和自学习控制等技术。从硬件角度来看，智能控制系统通常由传感器、微控制器、执行器和人机界面等组成。

传感器可视为人体感觉器官的延伸，主要用于检测机电一体化系统自身作业与作业对象、作业环境的状态，是智能控制系统获取自然和生产领域中的信息的主要途径与手段，所以性能优良的传感器是现代化生产的基础，也是智能控制的前提。传感器一般由敏感元件、转换元件及基本转换电路 3 个部分组成(见图 6-1)，敏感元件是直接感受被测物理量，并以确定关系将其输出为另一物理量的元件(如弹性敏感元件将力、力矩转换为位移或应变输出)；转换元件将敏感元件输出的非电参数转换成电参数(电阻、电感和电容)以及电信号(如电流或电压等)；基本转换电路则将该电信号转换成便于传输、处理的电量。现代传感器具有微型化、数字化、智能化、多功能化、系统化和网络化等特点。

图 6-1　传感器组成

微控制器是将微型计算机的主要部分集成在一个芯片上的单芯片微型计算机，诞生于 20 世纪 70 年代中期。经过几十年的发展，微控制器成本越来越低，而性能越来越强大，其应用已无处不在，遍及各个领域。例如电机控制、条码阅读器/扫描器、消费类电子游戏设备、电话、HVAC(供热通风与空气调节)、楼宇安全与门禁控制、工业控制与自动化以及白色家电(洗衣机、微波炉)等。在一个智能控制系统中，微控制器是最重要的一部分，相当于人的大脑，为整个系统提供数据处理、运算和存储等功能。

执行器(如智能机器人的机械臂末端执行器)是智能控制系统中必不可少的一个重要组成部分，它的作用是接收控制器送来的控制信号并执行相应的操作。

人机界面主要是计算机领域使用的术语，但通常也可作为人机之间的连接。人机界面是人机系统的关键，它可实现信息的内部形式与人类可以接受形式之间的转换。凡参与人机信息交流的领域都存在着人机界面，在工业与商业领域有大量应用，人机界面的操作可简单地划分为输入(Input)与输出(Output)两种：输入是指由人来进行机械或设备的操作，如机械式的开关、键盘、语音输入、人脸识别和指纹识别等；而输出是指由装置发出来通知，如工作状态数值、故障、警告、操作说明提示和语音提示等。好的人机接口会帮助使用者更简单、正确、迅速地操作装置，也能使装置发挥最大的效能，延长装置的使用寿命。

6.2 智能控制系统软硬件设计

6.2.1 智能控制系统硬件电路的设计

硬件电路是控制系统软件运行的载体，是控制算法和机械运动控制之间的纽带，电路设计对整个智能机电产品的设计起着至关重要的作用。可采用 Altium designer、Multisim 和 Proteus 等 EDA(电子设计自动化)软件进行硬件电路原理图和 PCB(印制电路板)的设计。关于这些软件的使用和仿真方法，本创新实践系列教材——《电子设计创新实践》一书中已有详细介绍，这里向大家介绍一些硬件电路原理图和 PCB 设计方面的流程。

1. 硬件电路原理图的设计步骤

(1) 方案分析。设计方案分析过程决定了电路原理图如何设计，同时也影响 PCB 如何规划。根据设计要求进行方案比较，考虑元器件的选择，是项目开发的基础性环节。

(2) 电路仿真。在设计电路原理图之前，若对某一部分电路的设计不太确定，可通过电路仿真来验证。电路仿真还可以用于确定电路中某些重要器件参数。

(3) 设计硬件电路原理图的元件。电路设计软件通常会提供丰富的元件库，但不可能包括所有元件，必要时需动手设计元件，建立自己的元件库。

(4) 绘制硬件电路原理图。导入所有需要的元件后，开始硬件电路原理图的绘制。根据电路复杂程度决定是否使用层次原理图。完成硬件电路原理图绘制后，用软件自带的电器检查工具进行查错，找到出错原因并修改，再重新查错直到没有原则性错误为止。

(5) 设计元件封装。和元件库一样，电路设计软件也不可能提供所有元件的封装，必要时需自行设计并建立新的元件封装库。

(6) 设计 PCB 图。完成硬件电路原理图设计之后，开始 PCB 图的绘制，首先绘出 PCB 的轮廓，确定工艺要求(如使用几层板等)；然后将硬件电路原理图传输到 PCB 中，在网络表、设计规则等的引导下布局和布线；最后利用设计规则查错。PCB 图的设计是电路设计的另一个关键环节，它将决定该产品的使用性能，需要考虑的因素很多，不同的电路有不同的设计要求。

(7) 文档整理。对硬件电路原理图、PCB 图及器件清单等文件予以保存，以便以后维护和修改。

2. 硬件电路的设计原则

(1) 合理布局电路。应该把有相互关系的元件尽量放得近一些，时钟发生器、晶振、CPU 的时钟输入端都易产生噪声，应把它们放得近些。对于易产生噪声的器件、小电流电路、大电流电路、开关电路等，应尽量使其远离单片机的逻辑控制电路和存储电路(使用 ROM、RAM 芯片)，条件允许的情况下，应将这些电路另外制成电路板，即将电路分为核心板和驱动板两部分，有利于抗干扰，提高电路工作的可靠性。

(2) 合理设计去耦电容。尽量在关键元件，如 ROM、RAM 等芯片旁边安装去耦电容。实际上，印制电路板走线、引脚连线和接线等都可能产生较大的电感效应。大的电感可能会在 U_{cc} 走线上引起严重的开关噪声尖峰。防止 U_{cc} 走线上开关噪声尖峰的有效方法是在 U_{cc} 与电源地之间安放一个 0.1 μF 的电子去耦电容。如果印刷电路板上使用的是表面贴装元件，可以用片状电容紧靠元件放置。除此以外，电容的引线不要太长，特别是高频旁路电容不能带引线。

(3) 合理布局地线。在单片机控制系统中，地线的种类很多，有系统地、屏蔽地、逻辑地和模拟地等，地线是否布局合理，将决定电路板的抗干扰能力。在设计地线和接地点时，应该考虑以下问题：逻辑地和模拟地要分开布线，不能合用，将它们各自的地线分别与相应的电源地线相连；模拟地应尽量加粗，而且要尽量加大引出端的接地面积；输入输出的模拟信号与单片机电路之间尽量进行光耦隔离；在设计逻辑电路的印制电路板时，地线应构成闭环形式，提高电路的抗干扰能力；应尽量选择粗地线，因为地线越细，电阻越大，这会造成接地电位随电流的变化而变化，导致信号电平不稳、电路的抗干扰能力下降；在布线空间允许的情况下，要保证主要地线的宽度在 2～3 mm 及以上，元件引脚上的接地线应该在 1.5 mm 左右。

(4) 合理布局功能模块和元器件。按电路图将电路划分成不同的功能模块，如电源部分、驱动部分和 CPU 部分，再根据 PCB 尺寸和安装整体要求移动各相关模块，这样就能保证相同模块内的元器件间走线最短。各组件排列、分布要合理和均匀，力求达到整齐、美观、结构严谨的工艺要求。

(5) 合理布局元器件。对各部件的位置安排作合理、仔细的考虑，主要是从电磁场兼容性、抗干扰性，走线情况(走线短、交叉少)，电源，地的路径和去耦等角度进行考虑。例如：同一级电路的接地点应尽量靠近，并且本级电路的电源滤波电容也应接在该级接地点上。特别是本级晶体管基极、发射极的接地点不能离得太远，否则因两个接地点间的铜箔太长会引起干扰与自激，采用这样“一点接地法”的电路，工作较稳定，不易自激；电阻、二极管、管状电容器等组件有“立式”和“卧式”两种安装方式。立式指的是组件体垂直于电路板安装、焊接，其优点是节省空间；卧式指的是组件体平行并紧贴于电路板安装、焊接，其优点是组件安装的机械强度较好。选用不同的组件安装方式，印刷电路板上的组件孔距是不一样的。

(6) 合理规划布线顺序。电源、模拟小信号、高速信号、时钟信号、同步信号等关键信号优先布线，布线时，从单板上连接关系最复杂的器件着手，从单板上连线最密集的区域开始；总地线必须严格按照高频－中频－低频(从弱电到强电)的顺序排列，切不可随便乱接，尤其是对于变频头、再生头、调频头的接地线安排，要求更为严格，否则会产生自激，导致电路无法正常工作；信号线与其回路构成的环面积应较小，环面积越小，对外的辐射越少，受到的外界干扰也越小。

(7) 合理设置线宽和间距。印制板导线的最小宽度主要由导线与绝缘基板间的黏附强度和流过它们的电流值决定。对于集成电路尤其是数字电路，通常选 0.2～0.3 mm 的线宽，只要电路板允许，还是要尽可能用较宽的线，尤其是对电源线和地线来说，强电流引线(公共地线、功放电源引线等)应尽可能宽些，以降低布线电阻及其电压降，可减小寄生耦合产生的自激；阻抗高的走线尽量短，阻抗低的走线可长一些，因为阻抗高的走线容易发射和吸收信号，引起电路不稳定；导线的最小间距主要由最坏情况下的线间绝缘电阻和击穿电压决定，对于集成电路，尤其是数字电路，只要工艺允许，可使间距小于 5～8 mm；加大平行布线的间距，遵循 3W 规则(当线中心间距不少于 3 倍线宽时，可保证 70%的电场不互相干扰)，为了减少线间串扰，应保证线间距足够大。

(8) 合理设计走线策略。印刷电路中不允许有交叉电路，对于可能交叉的引线，可以用“钻”和“绕”两种办法解决。让某引线从别的电阻、电容、三极管脚下的空隙处穿过去，或从可能交叉的某条引线的一端“绕”过去；为简化设计也允许用导线跨接，解决交叉电路问题；输入输出的导线应该尽量避免相邻平行，最好添加线间地线，以免发生导线间反馈耦合现象；相邻层的走线方向应呈正交结构，避免将不同的信号线在相邻层走成同一方向，以减少不必要的层间串扰；印制电路板导线的拐角一般取圆弧形，而在高频电路中使用直角或夹角会影响电气性能。

6.2.2 智能控制系统软件流程图的设计

1. 软件流程图概述

软件流程图(或简称流程图)是使用图形来表述程序设计思路的方法，流程图可以直观、形象地描述程序的流程和架构，让人直观地理解程序设计的思路。流程图和编程软件无关，只与程序架构和逻辑思路有关。在“互联网+”时代，软件流程图成为每个软件项目经理和工程师必备的基础技能之一，一份清晰的软件流程图可以帮助相关人员快速了解工作流程和标准，同时当软件出现缺陷时也可根据软件流程图快速寻找原因、补足漏洞。

2. 软件流程图绘制规范

软件流程图是人们对解决问题的方法、思路或算法的一种图形化描述。为了消除由于多样化而造成的混乱，软件流程图的绘制需要遵循一定的规范，这包括符号规范、结构规范和路径规范等。流程图规范化可以使逻辑结构清晰、便于描述，也更容易理解。流程图绘制规范包括符号规范、结构规范和路径规范等几个方面。

1) 符号规范

各种软件流程图符号都有特定的含义，彼此之间不可乱用，常用的软件流程图符号使用规范如表 6-1 所示。

表 6-1　软件流程图符号使用规范

符号	名称	功　　能
	起止框	流程的开始与结束，每个流程图只有一个起点
	输入输出框	数据的输入和输出
	处理框	流程的处理操作，表示某个具体的步骤或操作
	判断框	决策或判断
	文档框	以文件的方式输入和输出
	联系框	同一流程图中，从一个进程到另一个进程的交叉引用
→	流程线	表示路径流程(执行步骤)的方向
	子流程	将处理过程比较独立或者单一的功能归纳成一个集合(模块)

2) 结构规范

软件流程图有 3 种典型结构，分别是顺序结构、选择结构和循环结构，如图 6-2 所示。大多数软件流程图都可以由上述 3 种结构组成。

(1) 顺序结构。顺序结构表示各步骤按先后顺序执行，这是一种最简单的基本结构。如图 6-2(a)所示，A、B、C 是三个连续的步骤，按顺序执行，即完成上一个框中指定的操作，才能执行下一个动作。

(2) 选择结构。选择结构又称分支结构，判断框内给定判断条件，根据判断结果执行下一个不同的动作，在实际运用中，某一判定结果可以为空操作，如图 6-2(b)所示；

(3) 循环结构。循环结构又称为重复结构，指在一定的条件下，反复执行某一操作的流程结构。循环结构包括循环变量、循环体和循环终止条件 3 个要素。在软件流程图的表示中，判断框内写上条件，两个出口分别对应着条件成立和条件不成立时所执行的不同指令，其中一个指令指向循环体，然后再从循环体回到判断框的入口处。循环结构还可分为直到型结构和当型结构。直到型结构执行一次循环体之后，对条件进行判断，当条件不满足时继续执行循环体中的某个步骤，直到满足时停止执行；当型结构在执行循环体前进行条件判断，当条件满足时进入循环，否则结束循环，如图 6-2(c)所示。

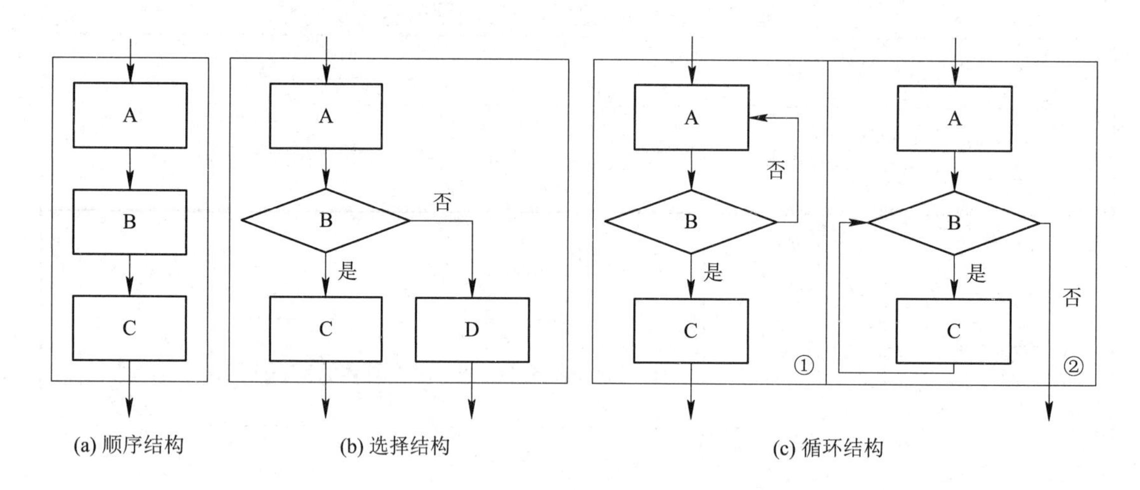

图 6-2　软件流程图的 3 种典型结构

3) 路径规范

绘制软件流程图时，除了注意符号规范、结构规范，还要注意一些约定俗成的路径规范。规范路径通常包括有 3 种流程：主干流程、分支流程(异常流程也属于分支流程)和子流程。主干流程是对大多数用户来说最常用的路径。分支流程是从主干上分出去的路径，通常作为异常流程(或次要流程)；或者作为其他情况的发展路径。子流程可以看作是节点路径，在绘制软件流程图的过程中，有一些流程是反复出现的，如果每次都将其再画一遍，这会造成重复劳动，流程图也不够简洁。因此，子流程就是将某几个具有逻辑关系的节点集合在一起，复用在需要调用的各个地方。除此以外，标准的软件流程图绘制还需要遵循以下规则：

(1) 各项步骤有选择或决策结果的菱形判断框时，文字叙述应简明清晰，如[是、否]、[通过、不通过]、[Y、N]或其他对应文字，以避免悬而未决状况，也就是说，菱形判断框一定有两条箭头流出。

(2) 注意各流程图动线的合理性，并考量是否需建分表或合成简要总表，分表与总表应以符号、颜色等区隔，使人一目了然。

(3) 相同流程图符号宜大小一致；流程图符号绘制排列顺序为由上而下、由左而右；流程处理关系为并行关系的，需要将流程放在同一高度。

(4) 流程图一页放不下时，可使用连接符号连接下一页流程图；同一页流程图中，若流程较复杂，亦可使用连接符号来阐明流程连接性，连接符号内请以数字标示，以示区别。

(5) 路径符号应避免互相交叉，同一路径符号的指示箭头应只有一个。

(6) 流程图中若涉及其他已定义流程，可直接使用该已定义流程符号，不必重复绘制。

(7) 一个流程从开始符号开始，以结束符号结束。开始符号只能出现一次，而结束符号可出现多次，若流程足够清晰，可省略开始、结束符号。

总的来说，软件流程图主要用来梳理程序逻辑或者技术关键点。应当言简意赅、开宗明义，避免冗长的描述，再配以适当的文字阐述。一个优秀的流程图应具有以下优点：只展示一个核心功能，逻辑清晰；关键节点全部覆盖；关键环节逻辑判断准确；格式优美，页面简洁流畅。

6.2.3　常用的流程图软件

专业的流程图软件提供了大量的图形模板和流程图模板，可以较大程度地简化用户的工作。目前市场上流程图绘制工具主要分为在线工具、跨平台软件和单平台软件。其中，在线工具以 ProcessOn、Drawio 为代表，跨平台软件 Axure 可以支持在 Windows、MacOS 不同操作系统上绘制流程图；单平台软件以 Visio 和 Omnigraffie 为代表，Visio 是 Windows 下使用较多的流程图软件，Omnigraffie 是 MacOS 用户常见的选择。下面列出了几种常见的流程图绘制软件，供大家选用。

(1) GitMind：一款国产在线流程图绘制软件，支持在 Windows、MacOS 系统浏览器上直接使用。支持绘制流程图、思维导图、信息图、组织架构图、UML 模型图、泳道图、分析图等 10 多种图形。可用来制作项目管理流程图、程序流程图、公司采购流程图等专业流程图。

(2) Visual graph：属于专业图形系统，在.NET 开发平台下可以灵活应用，在 delphi 中也可以使用，简单易用，业内应用较广泛。

(3) Visio：微软公司推出的非常传统的流程图绘制软件，应用最为广泛，新手很容易操作。借助 Visio 可以绘制业务流程图、组织结构图、项目管理图、营销图表、办公室布局图、网络图、电子线路图、数据库模型图、工艺管道图、因果图和方向图等，广泛应用于电子、机械、通信、建筑、软件设计和企业管理等众多领域。

(4) Aris：IDS 公司的流程软件，具有 IDS 特有的多维建模和房式结构，集成了流程管理平台，可以通过流程平台进行流程分析和流程管理。

(5) Provision：metastorm 公司的流程图软件，以多维度系统建模见长，能够集成企业的多种管理功能，是流程管理专家级的客户应用工具。

(6) ProcessOn：在线作图工具，无须下载安装，便于跨端使用，支持绘制思维导图、流程图、UML(统一建模语言)图、网络拓扑图、组织结构图、原型图、时间轴等，支持 vsdx、XMid、txt、excel 等格式文件的导入，支持导出高清 png、jpg、pdf 等格式文件。它满足多场景的下载需求，提供基于云服务的流程梳理、创作协作工具，可实时创建和编辑流程。

6.2.4　设计实例——红绿灯系统的流程图绘制

按钮式红绿灯是当有行人需要通过马路的时候，按一下红绿灯上面的按键，然后过一段时间，人行道方向上的红绿灯就会变成绿色，让行人通过。本节以按钮式红绿灯控制系统设计为例，介绍控制流程图的画法，控制要求如下：

(1) 当行人没有按下按钮时，主路方向显示为绿灯，人行道方向显示为红灯。

(2) 当按钮被按下后，主路的绿灯延时一段时间后，绿灯经黄灯 1 s 后转换为红灯。

(3) 当主路为红灯时，人行道的绿灯点亮。当人行道的绿灯还剩很短的时间时，蜂鸣器应该急促提醒，同时绿灯闪烁，以预防行人正在过马路时，红绿灯发生变化，带来风险隐患。

其控制流程图如图 6-3 所示。

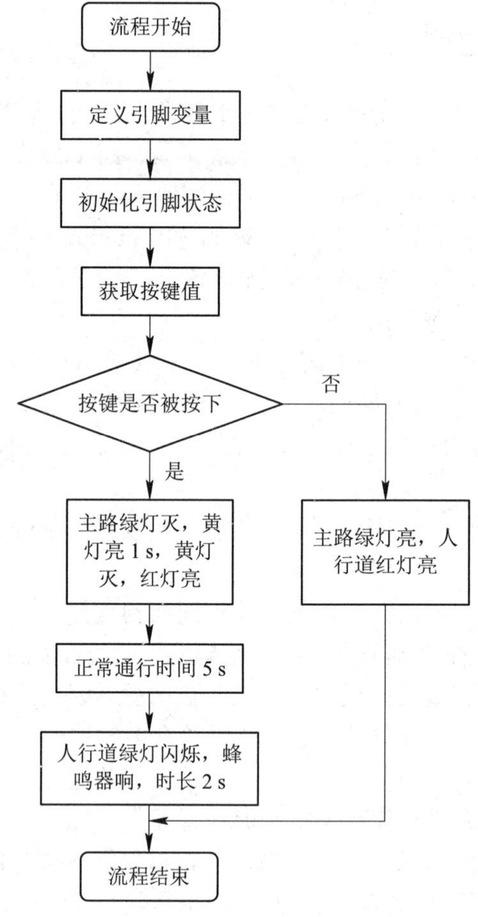

图 6-3　按钮式红绿灯系统控制流程图

6.3　典型的智能控制算法

6.3.1　典型的智能控制算法介绍

1. PID 控制算法

PID(Proportional Integral Differential)是比例、积分、微分的简称。在自动控制领域，PID 控制是历史最悠久、生命力最强的基本控制方式。PID 控制器的原理是：根据系统的被调量实测值与设定值之间的偏差，利用偏差的比例、积分、微分 3 个环节的不同组合计算出对广义被控对象的控制量。图 6-4 是常规的 PID 控制系统的原理框图，其中虚线框内的部分是 PID 控制器，输入为设定值 $r(t)$与被调量实测值 $y(t)$构成的是控制偏差信号 $e(t)$，计算如式(6-1)所示；输出为该偏差信号的比例、积分、微分的线性组合 $u(t)$，即 PID 控制律。

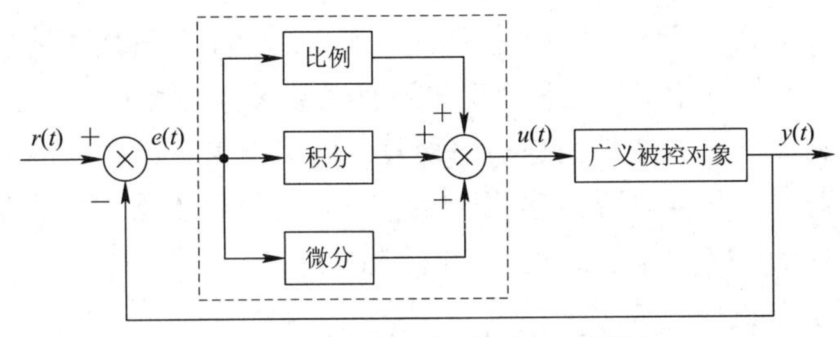

图 6-4　PID 控制系统的原理框图

$$e(t) = r(t) - y(t) \tag{6-1}$$

$$u(t) = K_P\left[e(t) + \frac{1}{T_I}\int_0^t e(t)\mathrm{d}t + T_D\frac{\mathrm{d}e(t)}{\mathrm{d}t}\right] \tag{6-2}$$

式(6-2)中，K_P为比例系数，T_I为积分时间常数，T_D为微分时间常数。根据被控对象动态特性和控制要求的不同，式(6-2)中还可以为只包含比例和积分的 PI 调节或者只包含比例和微分的 PD 调节。

1) 比例控制

比例控制(器)是 PID 控制中最简单的一种控制方法。下面用一个经典的例子来描述：假设我们有一个水杯，我们希望让水杯装满 1 L 水。假设初始有 0.2 L 的水，那么当前时刻的水量和目标水量之间存在一个误差 $e = 0.8$，如果单纯采用比例控制，则加入的水量 u 和误差 e 之间成正比关系，有

$$u(t) = K_P \times e(t) \tag{6-3}$$

假设 K_P取 0.5，当 $t = 1$ 时(第一次加水)，$u = 0.5 \times 0.8 = 0.4$，所以第一次加入 0.4 L 的水，使得水杯中有 0.6 L 的水；当 $t = 2$ 时，$e = 0.4$，所以此时 $u = 0.2$，即加入了 0.2 L 水，水杯当前有 0.8 L 水，循环上述过程就是比例控制器算法的基本思想。

根据 K_P取值不同，系统最后都会达到 1 L，不会有稳态误差。但是当情况相对复杂时，单一的比例控制存在稳态误差，例如这个水杯在加水的过程中，存在漏水的情况，每次加水的过程，都会漏掉 0.1 L 的水。若 K_P仍取 0.5，那么将会有可能经过几次加水后，出现水杯中水位到达 0.8 L 时将不会再变化的情况，因为此时误差 $e = 0.2$，每次往水缸中加水的量为 $u = 0.5 \times 0.2 = 0.1$，同时每次加水后，缸里又会流出去 0.1 L。加入的水和流出的水抵消，水位始终停留在 0.8 L 且系统已经达到稳定，由此产生的误差称之为稳态误差。在工程上，机械臂运动、无人机飞行和水下机器人运动等控制过程中，出现的各类阻力和消耗都可以理解为本例中的“漏水”。

2) PI 控制(积分控制)

为解决单一比例控制存在的稳态误差，计算加入的水量 u 时，再引入一个分量，该分量和误差的积分成正比，即 PI 控制(器)算法为

$$u(t) = K_P\left[e(t) + \frac{1}{T_i}\int_0^t e(t)\mathrm{d}t\right] \tag{6-4}$$

第一次的误差e_1为0.8，第二次的误差e_2为0.4，误差的积分(离散情况下积分求解其实就是作累加)为e_1+e_2。控制量除了比例部分，还有系数K_P所乘的积分项，积分项对前面若干次的误差进行累计，可以有效地消除稳态误差：假设在仅有比例项的情况下，系统卡在稳态误差了，即上例中的0.8，但由于积分项的加入，会让输入增大，从而使水缸的水位大于0.8，渐渐到达目标的1.0，这就是积分项的作用。

3) PD 控制(微分控制)

PD 控制(器)就是在比例项的基础上再加上微分项，因此 PD 控制可以表示为式(6-5)，其中，T_D是一个微分控制项，在水越来越多的过程中，误差 $e(t)$会越来越小，因此，微分控制项是一个负数。上述例子中，可以认为当水快到达 1 L 时，水龙头的流量还很大，这个微分控制项的绝对值就会很大，从而表示需要用力关小水龙头。因此，在控制中加入一个负数项，作用就是防止加水过快而超过目标，减少系统振荡。

$$u=K_P\times\left[e(t)+T_D\times\frac{de(t)}{dt}\right] \tag{6-5}$$

对于离散模型控制的场合，公式(6-5) 可以写成式(6-6) ，工程上每一项前面的系数，都需要通过实验确定，也可以利用 Matlab 等工具进行仿真来确定。

$$u(k)=K_P\left(e(k)+\frac{T}{T_I}\sum_{n=0}^{k}e(n)+\frac{T_D}{T}\left(e(k)-e(k-1)\right)\right) \tag{6-6}$$

2. 模糊控制算法

模糊(Fuzzy)控制是用语言归纳操作人员的控制策略，运用语言变量和模糊集合理论形成控制算法的一种控制。模糊控制的最重要特征是不需要建立被控对象的精确数学模型，只要把现场操作人员的经验和数据总结成较完善的语言控制规则，实现对具有不确定性、噪声以及非线性、时变性、时滞等特征的控制对象的控制，因此模糊控制系统具有较强的鲁棒性，基本结构如图 6-5 所示。

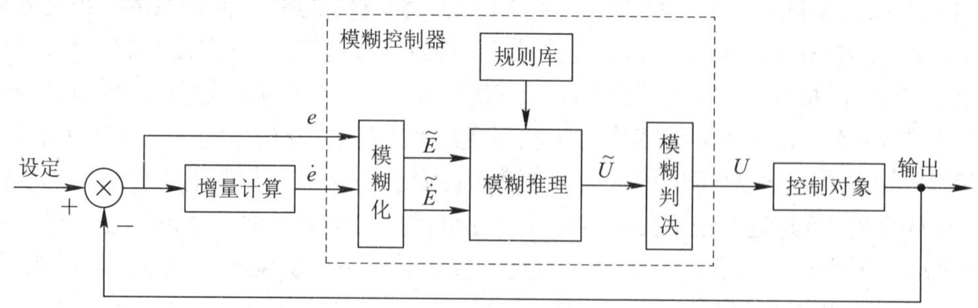

图 6-5　模糊控制系统的基本结构图

在日常生活中，人们经常用“太冷了”或“太热了”来描述气温，这是人们对温度数值高低的一种看法，表示一个大致的温度范围，而不是得到一个确切的温度数值。“冷”和“热”这两个词的意思不是很明确，只能表示一种模糊的感觉，无法量化。不过，人们知道，冷了要加热，热了要降温。如果随机采访 10 个人，要求他们用冷、合适和热这 3 个词来表达他们对 0～35℃的感觉，可以得到图 6-6。

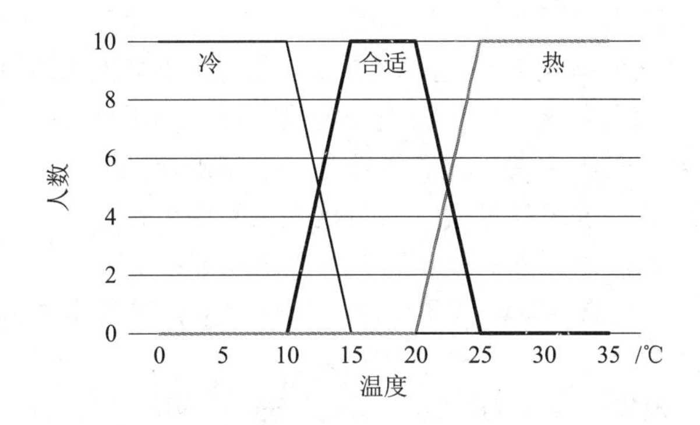

图 6-6　人对温度感受的统计结果(样本量 10 个人)

对一个模糊控制系统来说，输入、处理准则和输出的情况说明如下：

(1) 输入。我们通过身体感受环境的温度值，并将温度值归为冷、合适、热 3 种模糊的感觉。

(2) 3 条准则。

① 如果冷则升高温度。

② 如果热则降低温度。

③ 如果温度合适则不调节温度，保持当前的温度。

(3) 输出。根据上面的 3 条准则去调节温度大小，从而控制温度的高低。

如果我们想设计一个自动温度调节器来代替我们调节温度的大小，这个调节器应该具有怎样的结构呢？很明显，如果这个调节器能完成上面的从输入到输出的过程，那么这个调节器就能代替人来自动调节温度。对于输入来说，这个调节器要有温度传感器，这样才能像人一样感受外界温度的变化，但传感器只能知道温度的具体数值是多少，却无法得出对温度高低的看法。

我们需要一种将具体温度值转化为冷、合适和热的感受的方法，图 6-6 的统计结果可作为设计依据。例如，现在温度传感器传回来外界温度是 4℃，该温度对应的感觉是冷；如果外界的温度是 10℃，则 8 人认为冷而 2 人认为合适，可以认为是 8 成冷和 2 成合适。另一个方面，如果我们告诉输出设备，采用大火还是小火升温，输出设备是听不懂的，因此需要将大火、小火这些模糊的词转化为具体的值进行输出。不妨假设最大的火是 10 级，最小的火是 0 级。再去问问 10 个人对 0～10 级火是大火和小火的看法吧，可以得到图 6-7。

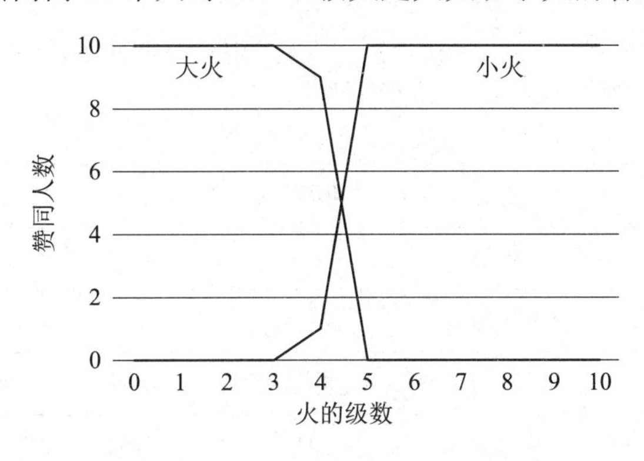

图 6-7　人对大火和小火的感受

可以看出，对于0级火，所有人都认为是小火，对于10级火，所有人都认为是大火。随着火的级数的增加，认为是大火的人渐渐增多，觉得是小火的人渐渐减少。这样就建立起了大火、小火这两种感觉和火的具体级数的关系，可以利用这种关系将大火、小火转变为具体的火的级数。对于输出设备，火的级数是可以精确控制的。上面通过对人调节温度过程的类比，总结了人调节温度的经验，并将这些经验用于设计自动温度调节器，这种调节器就是一种模糊控制器，可见模糊控制器具有以下特点：

(1) 不需要知道控制对象的具体数学模型，只要对被控对象有大体了解，并总结出控制规则就能快速实现控制。

(2) 模糊控制的“模糊”体现为，控制规则的提出是基于人的感觉，而这种感觉具有模糊性，如对温度的冷、合适、热的感觉和对火的大小的感觉，这些感觉并不是精确的某一数值，而是一个范围，不同的人会有不同的看法。

(3) 模糊控制器的特异性，由于不同人对相同事物看法的不同，导致对同一被控对象，不同的人会提出不同的控制策略。

6.3.2 智能控制算法应用——机器学习

机器学习专门研究计算机怎样模拟或实现人类的学习行为，以获取新的知识或技能，重新组织已有的知识结构使自身的性能不断改善。

我们通过一个生活中的例子来感受一下机器学习：在日常生活中我们都有买西瓜的经历，那么我们如何判断西瓜的好坏呢？基于日常生活的经验(如根据西瓜的根蒂、敲打声和颜色等)来综合判断西瓜的好坏，这些经验是我们基于日常生活中买西瓜的经历总结出来的。

那么对于机器而言，如何判断西瓜的好坏呢？这就需要机器学习。首先我们需要获取一系列有关西瓜的根蒂、色泽和敲声的数据，如表6-2所示。这里要学习的目标是确定‘是否好瓜’，暂且假设‘是否好瓜’可由色泽、根蒂、敲声3个因素完全确定，换言之，只要某个瓜的这3个属性取值明确，我们就能判断出它是不是好瓜。于是我们学习的目标的是“好瓜是某种色泽、某种根蒂、某种敲声的瓜”的概念，用布尔表达式描述如下：

$$\text{好瓜} \leftrightarrow (\text{色泽}=?) \wedge (\text{根蒂}=?) \wedge (\text{敲声}=?) \tag{6-7}$$

通过表(6-2)的训练集进行学习，可以把“？”确定下来。机器学习的方法则是利用已有的数据集(经验)，得到某种模型(瓜的好坏判断标准)，该过程称之为“训练”，并利用训练好的模型预测未来，例如判断一个新瓜的好坏。

表6-2 西瓜数据集

编号	色泽	根蒂	敲声	是否好瓜
1	青绿	蜷缩	浊响	是
2	乌黑	蜷缩	浊响	是
3	青绿	硬挺	清脆	否
4	乌黑	稍蜷	沉闷	否

模型、策略和算法是机器学习的 3 个要素，具体说明如下：

(1) 模型。机器学习第一个要考虑的问题就是要学习什么样的模型。此处引入假设空间的重要概念，模型的假设空间包含所有可能的条件概率分布或函数。例如，假设函数是 $f(x) = ax$ 时，假设空间就是 a 的所有可能取值对应的所有 $f(x)$的函数集合。假设函数是 $f(x) = ax^2 + bx$ 时，假设空间就是 a 和 b 的所有可能取值对应的所有 $f(x)$的函数集合。所以对于每一个具体问题，我们首要考虑的问题就是应该选择哪种假设函数。

(2) 策略。有了模型的假设空间，其次要考虑按照什么样的准则来学习或选择最优的模型，统计学习的目标在于从假设空间中选取最优的模型。评价模型的好坏，通常用损失函数和风险函数来度量，损失函数能度量一次预测的好坏，风险函数能够度量平均意义下模型预测的好坏。

(3) 算法。最后要考虑的问题就是用什么样的计算方法求解最优模型。这时，机器学习问题转化为最优化问题，机器学习的算法转化为求解最优化问题的算法。一个好的求解算法既要保证找到全局最优解，也要保证求解过程十分高效。

通过上面的分析，可以看出机器学习与人类根据经验思考的过程类似。所不同的是，机器学习能考虑更多的情况，执行更加复杂的计算。事实上，机器学习的一个主要目的就是把人类思考归纳经验的过程转化为计算机通过对数据的处理计算得出模型的过程。经过计算得出的模型能够以近似人的方式解决很多灵活复杂的问题。

6.4　两轮自平衡小车智能控制要素分析

1. 角度控制——物理分析和比例微分(PD)控制算法

角度控制也可称为直立控制，如本书 3.5.1 节所述，两轮自平衡小车通过车轮的负反馈实现小车平衡的动态控制。车轮作加速运动，分析小车(非惯性系，以车轮作为坐标原点)上方受到的倒立摆受力，此时也有额外的惯性力产生，该力与车轮的加速度方向相反、大小成正比。其中，PD 算法和小车受力分析示意图如图 6-8 和图 6-9 所示。倒立摆运动时的回复力为

$$F = mg\sin\theta - ma\cos\theta \approx mg\theta - mk_1\theta$$

式中，θ 很小并进行了线性化。负反馈控制下假设，车轮加速度 a 与偏角 θ 成正比，比例为 k_1。

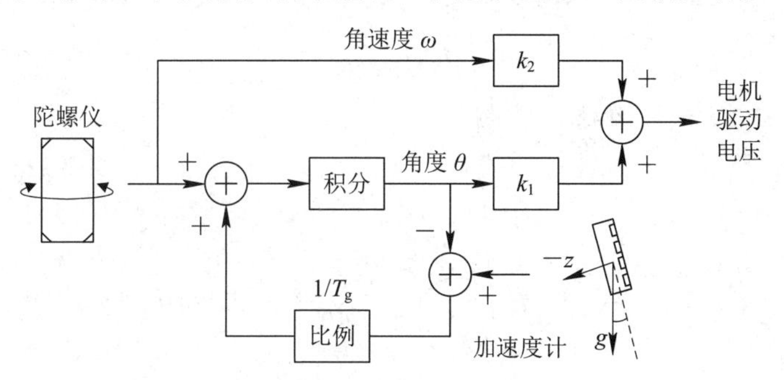

图 6-8　平衡小车 PD 算法的实现

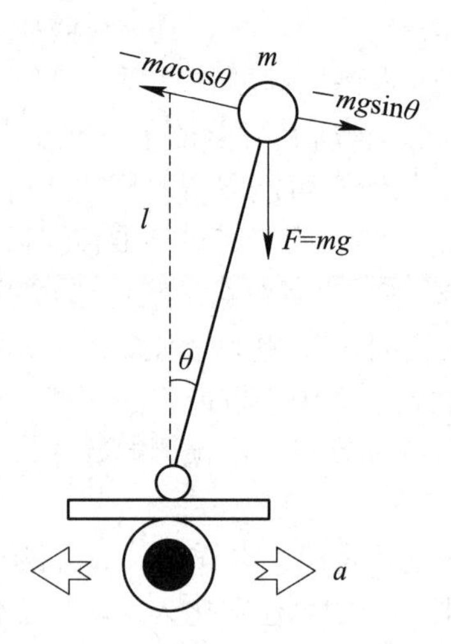

图 6-9　平衡小车运动简图

如果比例 $k_1>g$，(g 是重力加速度)，那么回复力的方向便与位移方向相反了，而为了让倒立摆能够尽快回到垂直位置稳定下来，还需要增加阻尼力，增加的阻尼力与偏角的速度大小成正比、方向相反，可得

$$F = mg\theta - mk_1\theta - mk_2\theta' \tag{6-8}$$

按照上述倒立摆的模型，可得出控制小车车轮加速度的算法：

$$a = k_1\theta - k_2\theta'$$

式中，θ 为小车角度，θ' 为角速度，k_1、k_2 都是比例系数。

根据上述内容，建立速度的比例微分负反馈控制，根据基本控制理论讨论小车通过闭环控制保持稳定的条件。假设外力干扰使小车模型产生角加速度，用 $x(t)$表示。沿着垂直于小车模型底盘的方向进行受力分析，可以得到小车模型倾角 θ、车轮运动加速度 $a(t)$以及外力引起的角加速度 $x(t)$之间的运动方程，该状态下的运动分析如图 6-10 所示。

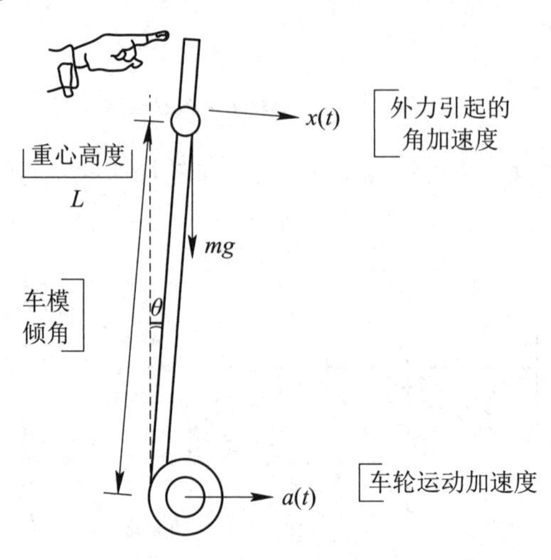

图6-10　运动分析示意图

在 θ 很小时，车模运动方程为

$$L\frac{\mathrm{d}^2\theta(t)}{\mathrm{d}t^2}=g\theta(t)-a(t)+Lx(t) \tag{6-9}$$

车模静止时，有 $a(t)=0$，此时的车模运动方程为

$$L\frac{\mathrm{d}^2\theta(t)}{\mathrm{d}t^2}=g\theta(t)+Lx(t) \tag{6-10}$$

反馈控制中，考虑比例控制(控制量与倾斜角度成比例的控制)和微分控制(控制量与角速度成比例的控制，即角速度是倾斜角度的微分)。因此上面系数 k_1、k_2 分别称为比例控制参数和微分控制参数。其中微分控制参数相当于阻尼力，可以有效抑制车模振荡。通过微分抑制控制振荡的思想在后面的速度和方向控制中也同样适用。

总结控制车模直立稳定的条件如下：

① 能够精确测量车模倾角 θ 的大小和角速度 θ' 的大小。

② 可以控制车轮的加速度。上述控制的实际结果是，小车与地面不是严格垂直，而是存在一个对应的倾角。在重力的作用下，小车会朝着一个方面加速前进。为了保持小车的静止或者匀速运动需要消除这个安装误差。在实际小车制作过程中，需要进行机械调整和软件参数设置。另外需要通过软件中的速度控制来实现速度的稳定性。在对小车行进过程中的角度进行控制中，考虑小车运动时会出现一定的倾角偏差，这使小车在倾斜的方向上产生加速度，这个结果可以作为进行小车速度控制的依据。

2. 速度控制

假设小车在上面直立控制调节下已经能够保持平衡了，但是由于安装误差，传感器实际测量的角度与车模角度有偏差，因此小车实际不是与地面保持垂直，而是与地面间存在一个倾角。在重力的作用下，小车就会朝倾斜的方向加速前进。此时，只要通过控制小车的倾角就可以实现小车速度控制了。具体实现需要解决 3 个问题：

① 如何测量小车速度？

② 如何通过对小车进行直立控制来使小车倾角改变？

③ 如何根据速度误差控制小车倾角？

第一个问题可以通过安装在电机输出轴上的霍尔传感器得到小车的车轮速度。测速原理如图 6-11 所示，主要通过对单片机的外部中断 I/O 口的控制来进行不间断测速，脉冲信号的个数可以反映电机的转速，从而测得速度。

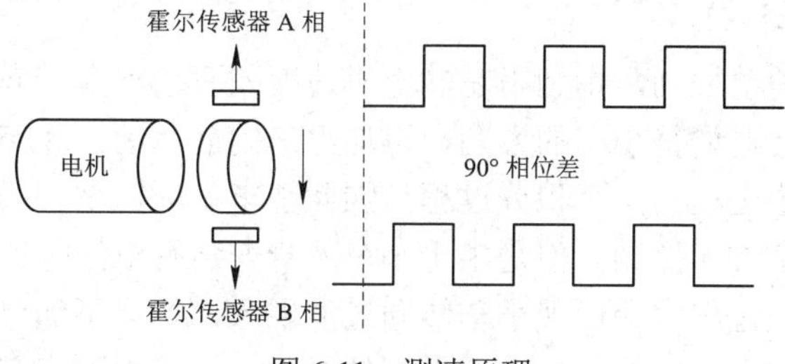

图 6-11　测速原理

第二个问题可以通过角度控制给定值来解决。给定小车直立控制的设定值，在角度控制调节下，小车将会自动维持在一个角度。通过前面小车直立控制算法可以知道，小车倾角最终是跟踪重力加速度方向(Z 轴)的角度。因此小车的倾角给定值与重力加速度方向(Z轴)角度相减，便可以最终确定小车的倾角。

第三个问题分析起来相对比较困难，远比直观进行速度负反馈分析复杂。首先对一个简单例子进行分析。假设小车开始保持静止，然后增加给定速度，为此需要小车往前倾斜以便获得加速度。在小车直立控制下，为了能够有一个向前运动的倾角，车轮需要往后运动，这样会引起车轮速度下降(因为车轮往负方向运动了)。由于负反馈，使得小车需要更大的向前运动的倾角，如此循环，小车就会很快向前倾倒，原本利用负反馈进行速度控制反而成了“正”反馈。

为什么负反馈控制在这儿失灵了呢？原来在直立运动下的小车速度与小车倾角之间的传递函数具有非最小相位特性，在反馈控制下容易造成系统的不稳定性。为了保证系统稳定，小车倾斜运动时的时间常数 T_Z 往往取得很大。这样便会引起系统产生两个共轭极点，而且极点的实部变得很小，使得系统的速度控制产生振荡现象。这个现象在进行实际参数整定的时候可以观察到。

那么如何消除速度控制过程中的振荡呢？关于解决控制过程中的振荡问题，在前面的小车角度控制中已经有了经验，那就是在控制反馈中增加速度微分控制。但由于车轮的速度反馈信号中往往存在着噪声，对速度进行微分运算会进一步加大噪声的影响。为此需要对上面的控制方法进行改进。原系统倾角调整过程中的时间常数往往很大，因此可以将该系统近似为一个积分环节。将原来的微分环节和这个积分环节合并，形成一个比例控制环节。这样可以保持系统控制传递函数不变，同时避免进行微分计算。

但在控制反馈中，只是使用反馈信号的比例和微分，没有利用误差积分，最终这个速度控制是有残差的控制。不过，若直接引入误差积分控制环节，会增加系统的复杂度，为此就不再增加误差积分控制，而是结合速度控制与角度控制来实现系统控制。要求小车在原地静止，速度为0。

不过，由于采用了比例控制，如果此时陀螺仪有漂移，或者加速度传感器安装有误差，最终小车倾角不会最终调整到 0，小车会朝着倾斜的方向恒速运行下去。注意此时车模不会像没有速度控制那样加速运行了，但是速度最终不会为 0。为了消除这个误差，可以将小车倾角设定量直接积分补偿在角度控制输出中，这样就会彻底消除速度控制误差。此外，由于加入了速度控制，它可以补偿陀螺仪和重力加速度的漂移和误差，此时重力加速度传感器实际上就没有必要了。

3. 转向控制(PD 算法)

转向控制也称为差动控制，指利用左右电机速度差驱动小车转向，消除小车与道路中心线间的距离偏差。通过调整小车的方向，再加上车向前运动，逐步消除小车与道路中心线间的距离偏差。这个过程是一个积分过程，因此小车差动控制一般只需要进行简单的比例控制就可以完成小车方向控制，但是由于小车本身安装有电池等比较重的物体，具有很大的转动惯量，在调整过程中会出现小车转向过冲现象，如果不加以抑制，会使得小车过度转向而倒下。根据前面角度控制和速度控制的经验，为了消除小车方向控制中的过冲，

需要增加角度微分控制。

4. 控制方案整合

通过上面介绍，将车模直立行进过程中的主要的控制算法集中起来，小车的控制逻辑如图 6-12 所示。

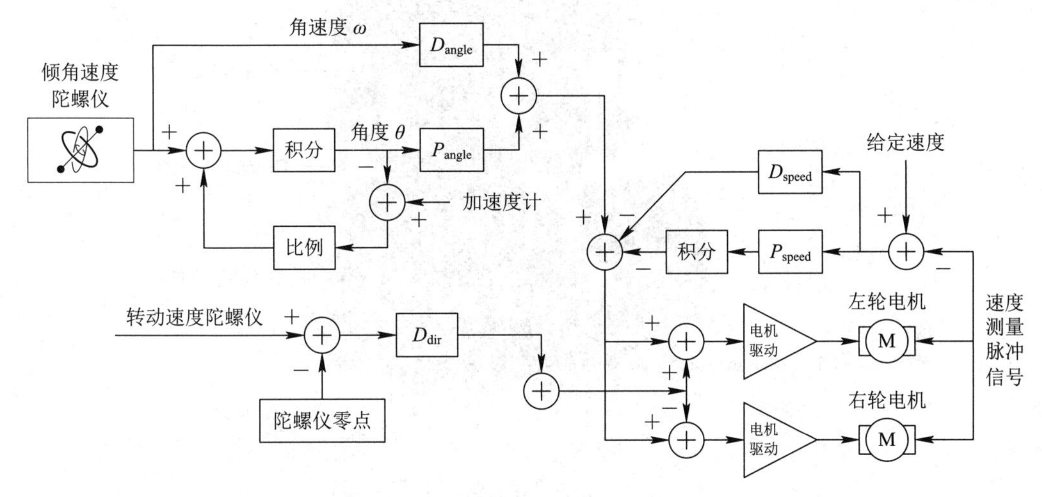

图 6-12　小车的控制逻辑

综上所述，为了实现小车的直立行进，需要采集如下信号：

① 小车倾角速度陀螺仪信号，获得小车的倾角和角速度。

② 重力加速度信号(Z 轴信号)，补偿陀螺仪的漂移。该信号可以省略，由速度控制替代。

③ 小车电机转速脉冲信号，获得小车运动速度，进行速度控制。

④ 小车转动速度陀螺仪信号，获得小车转向角速度，进行转向控制。在小车控制中的直立控制、速度控制和转向控制 3 个环节中，都使用了比例微分(PD)控制，将这 3 种控制算法的输出量叠加后通过电机运动来实现控制。

⑤ 小车直立控制：使用小车倾角的 PD 控制，两轮自平衡小车的详细资料可查阅亚博智能科技官方网站。

6.5　设计实例——turtlebot 系列 ROS 机器人

本节给大家简单介绍一款经典的 turtlebot 系列 ROS 机器人，ROS(机器人操作系统)对该款机器人的支持十分完善，国内外许多教程都是基于这款机器人。这是一款两轮差速机器人，在硬件上它基于树莓派开发板，同时自行设计了开源 OpenCR 扩展板用于底层电机驱动和上位机通信，同时简化了电路连接部分。传感器上搭载标准的 360° 机械式激光雷达，同时预留了扩展相机等其他传感器的接口，该系列机器人的硬件组成如图 6-13 所示。基于以上传感器，turtlebot 在 ROS 开发框架下可以实现即时同步定位建图(SLAM)、自主导航、目标检测等功能。

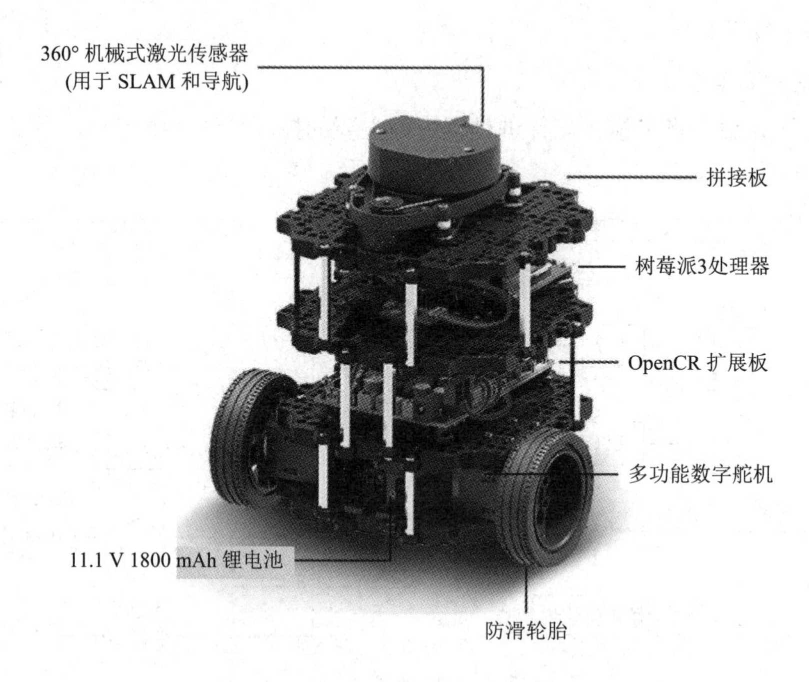

图 6-13 turtlebot 系列机器人硬件组成

1) turtlebot 软件框架

ROS 官方为 turtlebot 开发了许多功能，其中主要包含了图 6-14 中的几个功能包，这些功能包下又包含了许多功能节点。这些功能节点组合起来可以实现自主路径规划、自动泊车、定点巡航、障碍物检测和图像识别等功能。

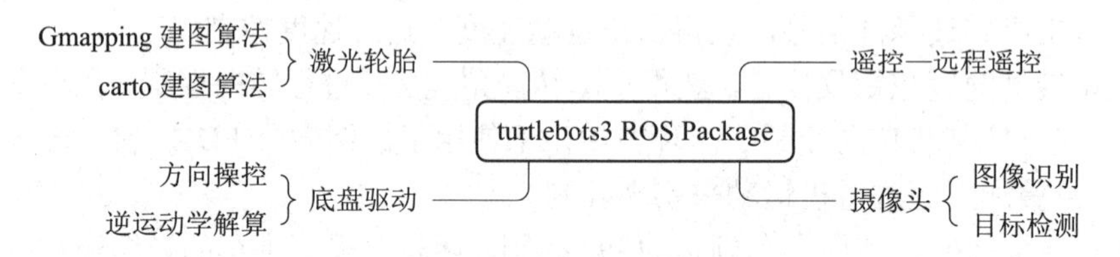

图 6-14 turtlebot 功能包

2) ROS 机器人底盘

一个完整的 ROS 机器人需要以底盘作为承载对象，并在底盘上搭载一些扩展的传感器以实现诸多功能。根据机器人底盘的不同，分为足式机器人和轮式机器人，轮式机器人的底盘又可以分为差速转向底盘和阿克曼转向底盘。这里介绍的 turtlebot 采用两轮差速底盘运动学模型。底盘的不同将影响我们的运动学解算和后续对底盘的控制。一个机器人底盘需要具备以下几个功能(见图 6-15)：

(1) 轮式里程计。轮式里程计用于计算小车走过的路程，是机器人定位导航的基础。

(2) 底盘驱动。底盘作为机器人最基础的功能，实现运动学上的前后左右。

(3) 上位机通信。上位机通信指上位机接收到下位机的里程计信息，或将预定的目标发送到下位机去执行。

(4) 运动学逆解。针对不同模型的底盘，运动学模型也不尽相同。总的来说，需要将

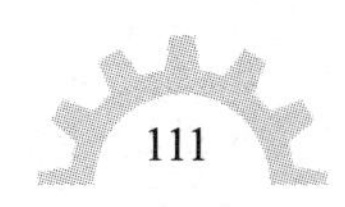

上位机发送出来的目标(通常是基于全局地图的 *X*-*Y* 坐标、速度、角速度等信息)解算成每个轮的转速环控制或位置环控制。

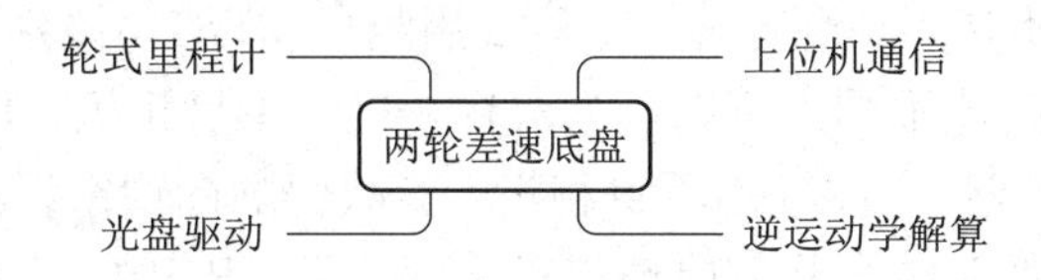

图 6-15　机器人底盘功能图

3) 激光雷达传感器

对自动驾驶而言，激光雷达是最重要的传感器之一。各种激光雷达的主要区别表现为内部点云扫描机构的不同。本例采用机械式单线激光雷达，其优势在于技术成熟同时成本较低，缺点是扫描频率较低，精度也不够高，但十分适合作为学习使用。Gmapping 是一个基于 2D 的激光雷达，使用 RBPF(Rao-Blackwellised 粒子滤波器)的参数估计方法完成二维栅格地图构建的 SLAM 算法，Gmapping 节点关系图见图 6-16，借助激光雷达生成的点云信息将扫描到的地图划分成分辨率为 5 cm 左右的地图(图 6-17)。其中，/mbot_bringup 为手写的功能包节点，主要用来发布/tf 位姿信息和里程计信息以及用来与下位机通信，/rplidarNode 为雷达节点，节点将扫描到的点云发布到/scan 话题，由/slam_gmapping 订阅。

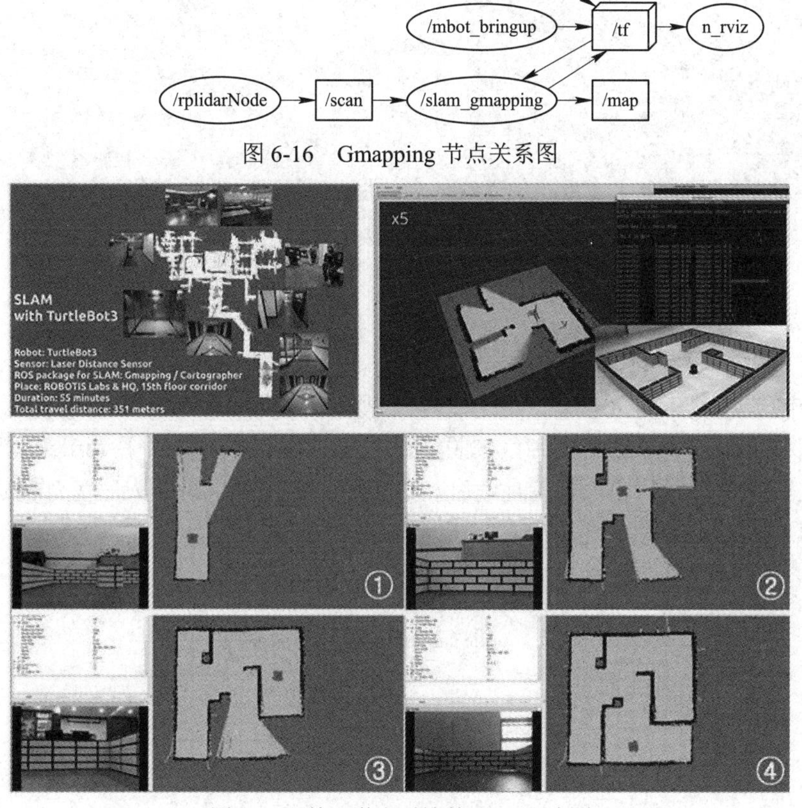

图 6-16　Gmapping 节点关系图

图 6-17　基于激光雷达的 SLAM 建图

4) 相机

相机可作为另一种重要的传感器。也有结合相机专门做视觉 SLAM 的应用，如图 6-18 所示。如特斯拉就声称不使用任何激光雷达，仅用相机实现 L4 级别自动驾驶。相机主要用来获取图像信息，根据功能不同，可以分为双目相机、单目相机、RGBD(三色通道图像深度)相机。在日常生活中我们主要使用单目相机，其获得的图像缺乏深度信息。双目相机依靠固定中心距的两颗摄像头结合几何原理计算深度信息。RGBD 相机额外搭载了红外等辅助传感器，直接通过这些传感器获得深度信息。当然通过单目相机采集特定的运动也可以获得深度信息，在此不再赘述。当获得这些信息后则可以进行视觉 SLAM 的开发或进行图像识别、目标检测、机械臂抓取等。

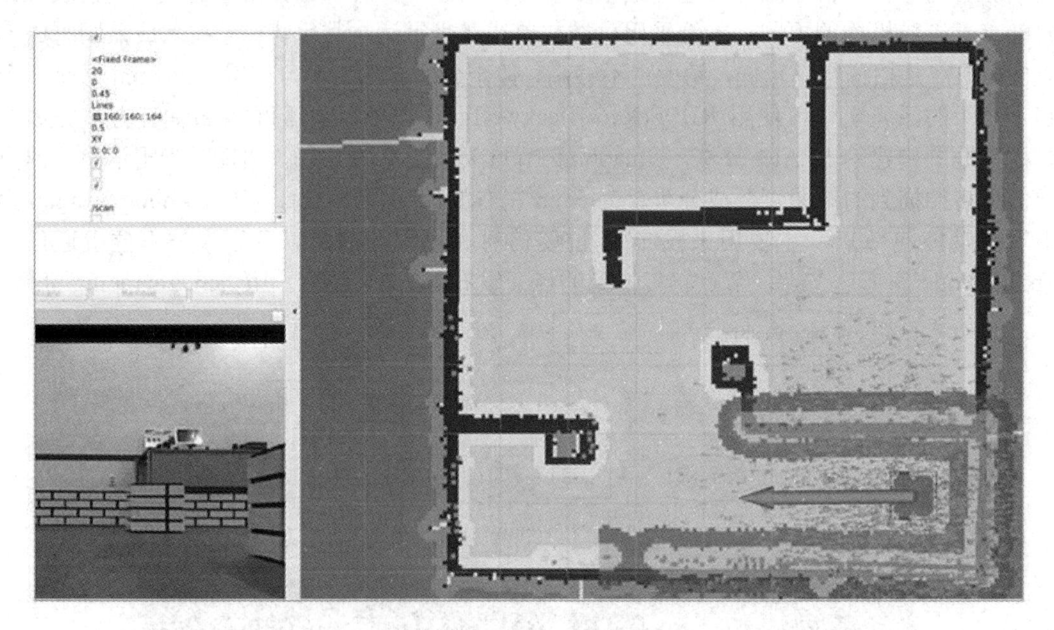

图 6-18 结合相机雷达的自主导航

5) 遥控

小海龟是ROS学习的第一个简单实例，其节点关系图如图6-19所示。其中，/teleop_turtle 表示键盘控制节点，其发布速度、角速度等信息或话题供/turtlesim 节点订阅。在/turtlesim 订阅到速度和角速度信息后，小海龟按照消息的格式移动。同样对于 turtlebot 而言，遥控节点也会发布一个目标话题，可能是速度、角速度、坐标等，机器人底盘订阅这个话题(具体的目标信息)后经过运动学解算，控制机器人移动到指定位置。

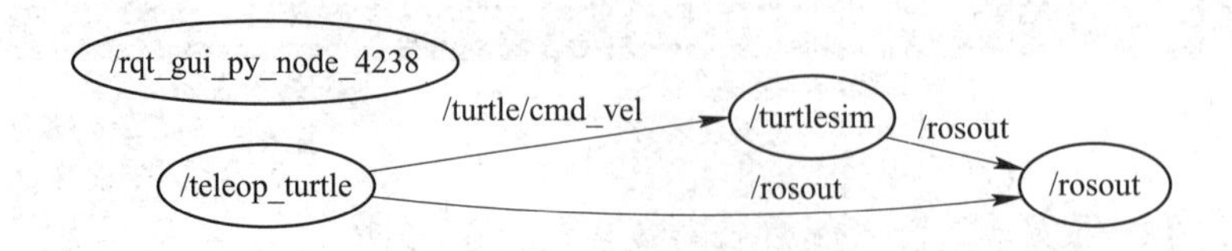

图 6-19 小海龟 ROS 节点关系图

第 7 章　智能机电产品样机试制与调试

产品开发的根本目的是制造出满足设计方案提出的目标要求的产品，但现实情况是，一般很难一次就开发出完全满足设计要求的产品，或者在现有的技术能力下无法实现当初提出的设计方案，这时往往需要修正最初提出的设计方案，因此，智能机电产品的开发是一个反复迭代的过程。

样机试制与调试是发现设计方案缺陷的过程，是产品迭代的前提。此外，样机制造质量和样机调试人员的技术能力、工作态度等也影响到能否实现当初的设计方案。因此样机试制与调试是智能机电产品开发过程中，使最终的智能机电产品和设计方案之间产生联系的中间环节，此两者在智能机电产品开发过程中起到关键作用。

7.1　样 机 试 制

样机试制(制造)是检验产品设计的制造可行性的重要阶段。样机制造准备阶段，可分为控制系统开发和样机机械本体制造两大阶段，将控制系统开发划分为控制系统硬件开发和控制系统软件开发。然后进一步将样机机械本体制造过程划分为机械本体各部件制造子过程，将控制系统硬件开发和控制系统软件开发也划分为若干硬件模块和软件模块开发。

为了兼顾样机制造时间和参与人员这两个方面的约束因素，可以采用并行或串行的时间安排方式组织样机机械本体制造的各个过程。首先采用并行的时间安排方式来组织样机机械本体制造和控制系统开发过程，因为这两个方面一般需要相对集中的专业知识和专业技能；然后采用串行的时间安排方式组织机械本体各部件制造子过程，在该串行链中可以按照从复杂到简单的方式安排各部件制造的先后顺序，即先制造复杂的部件，再制造简单的部件，以便留有检查发现复杂部件制造质量的时间。而对机械本体各部件制造的具体过程则按照并行的方式组织。将控制系统的软件和硬件分别划分为若干模块后，也可以采用与样机机械本体类似的制造过程组织方式；最后按照先样机机械本体后控制系统的次序，串行地组装整个智能机电产品样机。

7.2　样 机 调 试

样机调试的目标是检验各项性能指标是否符合设计要求，样机调试也是在最终环节发现设计中的问题并及时修改和完善产品设计的必要阶段。基于系统设计过程中主功能实现的因果关系，在调试过程中，应遵循以下原则：

① 先调试模块后调试系统。

② 先调试子功能再调试总功能。

③ 先模拟调试后在线调试。

④ 先静态调试后动态调试。

模块是组成系统的基本功能单元，模块调试越周密，系统调试就越容易实现。若某个模块中存在较大的故障，待系统整体调试出现故障时，因模块间的相互影响，就难以找出故障的症结，增大了系统调试的难度。因此，在调试工作中，应紧扣每个模块，从严要求。

7.2.1 调试准备

对于智能机电产品而言，控制电路调试是样机调试的重点内容。控制电路调试是将编写的程序投入实际运行前，对模块或整体系统进行测试、修正错误的过程。虽然调试与故障检修这两个词经常会被混用，但实际上它们还是有许多的区别的，调试通常指的是查明为什么一个设计没有按照计划工作；而故障检修通常是在已知设计没有问题的情况下，查明一件产品出了什么问题，比如某个文件被删除或某个电子元件被烧毁。当然，调试的技术也一样可以用于故障检修。调试并不太关心问题是怎么产生的，而是告诉你如何找到它，因此，设计问题或者零部件的故障都可以通过调适的方法来查找。

Arduino 单片机的初学者不可避免地会犯一些基本操作上的错误。例如，用 Arduino 控制电机转动的情形，按照文档上的说明，使用 digitalWrite(即 pinMotor, HIGH)来对设定的引脚输出一个高电平，可是时灵时不灵，无法让电机按照预期转起来。可能的原因是，Arduino 单片机的 I/O 口需要通过 pinMode(即 pinMotor，OUTPUT)设置输入输出的状态。如果你理解了单片机硬件结构和工作原理之后，这些问题将迎刃而解。因此，控制电路调试前，需要做必要的准备工作，具体如下：

(1) 学会阅读文档。若要全面地了解一个硬件平台、API 接口、软件框架或其他设备，最好的方法是去查阅它的使用手册或说明书。例如，对于我们常用的 Arduino 单片机，最好的学习资料就是它的官方文档。

(2) 了解调试工具。调试工具是用来观察系统的“眼睛”和“耳朵”。我们要能够选择正确的工具，正确地使用工具并解释所得的结果。比如示波器可以用来测量单片机的引脚是否有正常的输出信号，进而判断单片机是否正常工作。

(3) 了解控制流程。寻找系统故障时，必须首先知道查找的路线。首先，需要猜测问题可能在哪，然后把系统分隔开，以便隔离问题。这种猜测完全取决于调试者对系统功能划分的了解。作为调试人员，至少要大体上知道所有的模块和接口都是做什么的。例如，如果烤箱把面包烤焦了，我们需要知道烤焦的原因是温度太高还是时间太久，将问题隔离开来，才能更好地定位和解决问题。当然，有一部分系统是“黑盒子”，这也就意味着你无法知道它的内部究竟有什么，但你需要知道“黑盒子”是如何与其他组件交互的，这样至少可以判断问题出自黑盒子内部还是外部。例如，程序在单片机上不能正常工作，若问题出自硬件而非程序，而刚好你又不懂硬件，这时候单片机对你来说就是个“黑盒子”，解决这样的问题可以通过直接换一块开发板来查看程序运行是否正常。

7.2.2　调试准则

做好控制电路调试的准备工作之后，作为调试人员还应了解控制电路调试的几条准则，这些准则只是一般调试策略，需要大家在实践过程中不断深入体会，总结调试经验。

(1) 消除噪声干扰。注意那些导致系统问题的干扰因素，对于一些无足轻重的问题，可以忽略，即不要为了追求完美而去修改所有地方。

(2) 明确问题范围。凭借对整个系统的认识，确定问题出现的大体位置，通过逐次逼近的方法缩小搜索范围，例如需要猜测 1～100 内的一个数字，可以一直用二分法，确定数字出现在哪一侧。对于程序调试，若在某一断点检查系统，发现系统行为正确，则问题出现在下游，反之位于上游。

(3) 优先测试模式。选择适当的测试工具来确定问题所在，将会事半功倍。例如，C 语言中的 printf()也是一种能够确定问题所在的简单方式之一。具体做法是，从有问题的一段开始搜索(正确的部分总是多于错误的部分)，再向后追查原因，避免在正确的地方浪费时间。

(4) 隔离关键因素。当你考察某一个问题时，不要改变与此不相关的因素，这样会带来更多的不确定性，即采用人们常说的控制变量法。不要通过猜测并改变系统的不同部分来查看它们是否对问题有影响，这可能引起更多错误。具体做法是：一次只改一个地方，即便问题可能由多个原因构成，但是一次修改多个地方往往会忽略真正的原因。

(5) 保持审计跟踪。及时把调试的关键信息(如操作、操作的顺序和结果)全部记录下来，便于回顾问题的发生以及所做的操作，提高调试的效率。作为初学者，建议大家利用一些自媒体工具(例如微信视频号、抖音和微博等)，建立自己的技术交流平台，一方面激励自己把调试的经验总结出来，另一方面把问题抛出来供大家讨论，同一问题可以获得更多的解决方案。

7.2.3　调试方法

在线调试是发现问题、分析问题并解决问题的过程，需要有明确的操作思路，可以概括为“明确要求、拟定方法、分析数据、提出措施、解决问题、总结经验”。

(1) 明确要求。在线调试前需明确各子功能的要求，并按照数据流的顺序逐个进行调试。

(2) 拟定方法。制定检验各子功能的方法，确定被测点的位置(一般为各模块的接口点)，选择合适的测量工具和设备。

(3) 分析数据。对测量得到的数据进行分析，检验系统的功能是否满足设计要求。对于数字系统，数据分析实际上是逻辑分析；对于模拟系统，测得的信号(数据)是连续变化的，根据这些数据的幅值、相位，可以分析各模块的工作状态，判断故障原因。

(4) 提出措施。经过测量和分析找到问题以后，进一步提出改进或修复的措施：或是调整模块的细节，或是调整接口参数。对于干扰引起的故障，提出消除干扰的措施。

(5) 解决问题。通过测量、分析、调整、再测量、再分析等得出正确的结论，从而合理、科学地解决问题。

(6) 总结经验。上述过程虽然解决了问题，但对于设计工作而言，还需要有一个总结经验的过程，要把碰到的故障、测量的数据、分析的结果、解决的方法和最后的结果等整理成技术文档，建立调试的记录档案。这样既能积累经验，把实践的体会上升到理论，又能反过来指导系统的修改设计，使设计趋于完善。

智能机电系统及使用环境复杂多样，系统调试和使用过程中出现的故障点及故障原因错综复杂。我们若想要从各种故障现象中快速、准确地找出故障点和故障原因，除必须掌握系统的结构组成、熟悉系统软件和硬件工作原理和工作过程外，还要正确地掌握故障诊断的方法。故障诊断过程一般可以分为以下几个步骤：

① 观察和记录故障发生时系统的异常状态。

② 直接观察外观异常特性。

③ 根据系统工作原理，综合软件和硬件工作流程，分析导致故障的原因。

④ 压缩产生故障的区域。

⑤ 重复上述过程，找到产生故障的模块、元器件、零部件或故障点。

在寻找故障点之前，应分清故障的类型，一般硬件故障具有重复性和持续性的特点，软件故障在不同的输入参数与工作状况下具有非再现性和偶发性的特点。因此，对于智能控制系统，可采用更换模板或芯片、替换设备、电压拉偏、程序校验、重复执行等方法，区分是硬件故障还是软件故障。对于软件故障，还应区分是软件本身故障还是软件存储介质有问题，是人为因素还是外界干扰使系统软件受到影响，是应用程序错误还是监控程序错误。有些范围不明、难以诊断的故障，应尽量缩小故障区域，常用的有以下几种方法：

(1) 同类比较法。在多重系统中，有些是相同逻辑和结构的模块或芯片，当这些模块或芯片功能出错时，可先将两个相同的模块或芯片互换，再检查故障是否跟踪转移，从而确定故障区域。

(2) 分段查找法。对于故障现象比较复杂、涉及的技术面较广的情况，用分割故障范围的方法(即分段查找法)比较方便。这种方法以信息通道为对象，通过功能模块的输入和输出口设置观察测量点，判断故障的范围。

(3) 故障跟踪法。故障跟踪法分为反向跟踪法和正向跟踪法。从出错节点向信号方向相反的方向检测，直到出现正常状态的节点，即所谓的反向跟踪法。按照信息传输方向，从信息源一步一步往后查，直到检测到出现错误状态的位置，这就是所谓的正向跟踪法。这两种故障跟踪的方法在微机系统的软件和硬件诊断中经常使用。

(4) 隔离压缩法。根据故障现象以及与其相关的硬件，采用暂时切断与其相关的其他硬件，封锁有关信息来压缩故障范围。

(5) 振动加固法。在系统微电子模块中出现的工作不稳定现象，除了存在外接干扰外，相当多的情况是接触不良导致的暂态故障。对此可以轻轻敲击插件或设备的有关部位，使插件、芯片、电缆接头等受到轻微振动，就可以把接触不良的故障定位在某一个模块，甚至某一个元器件上。

(6) 拉偏检查。系统的一些不稳定现象，往往是由于电气模块中的元器件性能不好，平时工作处于特性指标的边缘状态。一旦环境条件变化或受到强磁场的干扰，就出现功能故障。这种原因所引起的故障现象时隐时现(也称为暂态故障)，难以诊断。对付这种暂态故障，宜采用条件拉偏的方法促使故障再现，使其成为固定的故障，然后再进行故障定位。

7.3　设计实例——平衡小车样机制作

7.3.1　平衡小车机械结构设计

在三维设计软件 SolidWorks 环境中进行平衡小车零件的设计、建模与装配。可以通过制定合理的装配顺序(根据三维建模平衡小车生成的装配顺序)来提高装配效率。对于平衡小车的装配，可以采用分组装配法来完成整个机器的装配。所谓分组装配法就是将产品分为多个机构模块，先完成分组后的各个机构模块的装配，再将这些机构模块组合在一起就完成了整个产品的装配。平衡小车包括电机固定架模块、执行机构模块、集成开发控制板模块、电源模块、亚克力平台模块、走线规划固定模块等。在上面小节已经详细介绍了一部分零部件的设计，下面将进行零部件模型以及装配模型的建模绘图，并对组件选型及实物的装配进行介绍。

7.3.2　工程图纸制作

在 SolidWorks 环境中，首先设计出平衡小车零部件以及装配体的三维实体模型(图 7-1)，对零部件的体积、面积、密度和材料等信息进行设置；然后利用 SolidWorks 自动生成工程图纸，即生成包含投影视图、剖视图、向视图等能清楚表达零部件基本信息的工程图；最后在工程图中按照格式要求标注尺寸、公差、基准等，并填写好技术要求和标题栏的内容，完成平衡小车零部件工程图纸的绘制。工程图是加工人员与机械设备交流的桥梁，因此必须保证工程图中内容的准确性。

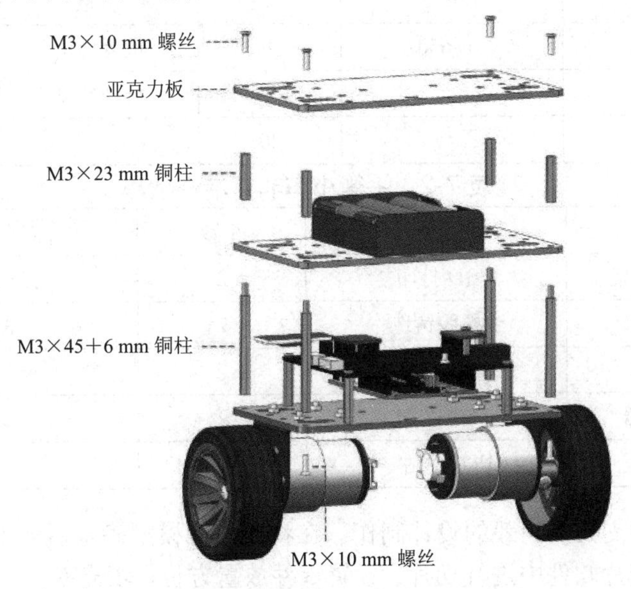

图 7-1　平衡小车的三维建模

7.3.3 样机制作

1. 部件选型

平衡小车的机械标准件(见表 7-1) 和电子元器件(非标准件)(见表 7-2) ，例如电机、螺栓螺母、亚克力板、集成开发板、传感器等，可直接从电商平台或线下采购。铝合金底板、电机固定支架、轮胎、轮毂等非标准件可通过外协加工或 FDM(熔融沉积制造)低成本的三维打印工艺进行制作，但是三维打印件存在材料密封性差、强度小和精度不高等缺点，因此，对于样机零部件加工，应根据需求选择合理的加工方法。

表 7-1 平衡小车标准件清单

名称	型号	个数	作用	价格
螺丝	M3 × 10	30	紧固零件	0.2 元/个
防滑螺丝	M3	30	辅助紧固	0.3 元/个
螺栓螺母	M3	30	辅助紧固	0.1 元/个
亚克力板	20 × 20 × 5	2	支撑固定	15 元/块
六角铜柱	M2 × 20、M2 × 70	20、10	支撑固定	0.5 元/个
Arduino	UNO	1	控制中心	50/块
蓝牙模块		1	通信	30/个
陀螺仪模块	4MPU6050	1	平衡传感器	30/个
驱动模块	5TB6612FNG	1	驱动控制	20/个
大功率电机	GM37	2	提供动力	10/个
霍尔编码器		2	编码	19 元/个
充电锂电池	18650	3	供电	20/个
电池盒	118650	1	放置电池	10 元/个
数据线		1	传送数据	10 元/根
杜邦线		20		10 元/捆

表 7-2 平衡小车非标准件清单

名称	加工方法	个数	价格
电机固定支架	3D 打印	2	5～7 元/个
轮胎	橡胶铸造	2	3 元/个
轮毂	3D 打印	2	3 元/个
车轮联轴器	车削钻孔	2	2 元/个
铝合金底板	线切割、钻、铣	1	10 元/个

(1) 电机固定支架及轮毂的设计制作。在将其三维模型确定后，保存为.stl 文件，再导入 3D 打印机切片软件中进行切片，设置零件放置方位、填充率、层等打印参数后进行打印。

(2) 车轮联轴器的设计制作。首先选取材料 Q235，其成本较低且机械加工性能好，能满足小车车轮与电机连接处的强度要求；然后选取好对应尺寸大小的坯料，在小型车床上进行外圆加工，确定好尺寸装配精度；最后采用钻孔加工，得到适合装配的金属车轮联轴器。

(3) 铝合金底板。作为小车中的控制、驱动等功能模块的硬件安装固定结构，其加工方法可选择线切割加工，线切割具有高效率、高精度特点，切割完再铣出长方孔，在钻床上攻丝、倒角，最后得到成品的铝合金底板。

2. 机械部分装配

在实际装配过程中，需要考虑装配的时间、装配成本、装配的占地面积，先对各个模块分别进行装配，再根据整个平衡小车的装配关系完成样机的安装。平衡小车可分为电机固定支架模块、执行机构模块、电源模块等，装配过程相对简单。

(1) 电机固定支架模块。待装配零件包括铝合金底板、电机固定支架、M3 × 10 的螺丝及螺栓螺母。将电机固定支架按照轴孔的排列位置与铝合金底板上对应的孔位对齐，再依次上紧螺丝，拧紧螺栓螺母。两侧位置呈镜像固定于底板上(见图 7-2)。

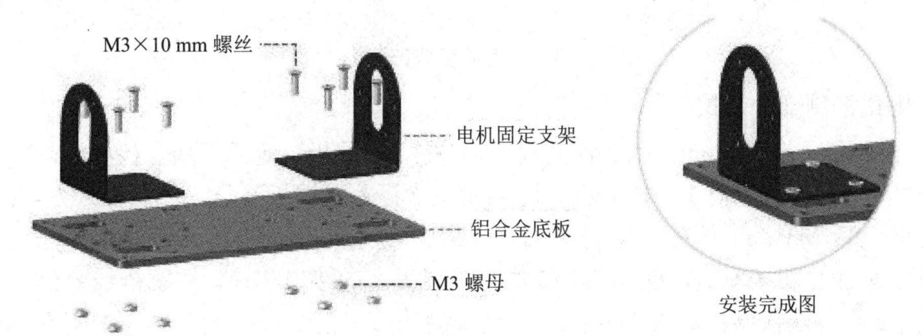

图 7-2　电机固定支架的安装

(2) 执行机构模块。先将电机按顺序依次与电机固定支架上的电机轴孔轴线对齐放入，再依次拧紧 M3× 10 mm 螺丝固定；然后将轮毂与金属联轴器相连，在轮毂中心处拧紧防滑螺丝；最后在电机传动轴处套上金属联轴器，拧紧防滑螺丝，如图 7-3 所示。

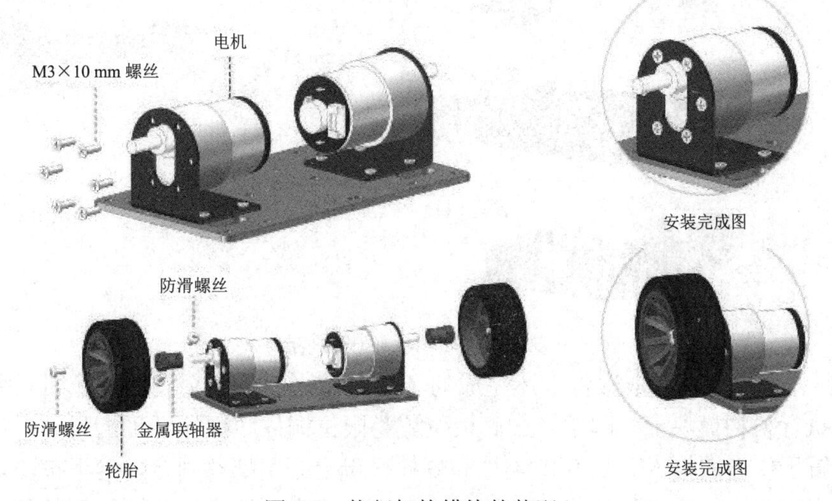

图 7-3　执行机构模块的装配

(3) 电源模块。先将采购到的电池盒放置于切割好的亚克力底板上，孔位一一对齐，再依次上紧固定螺丝，电池盒放入 3 节充电锂电池，如图 7-4 所示。

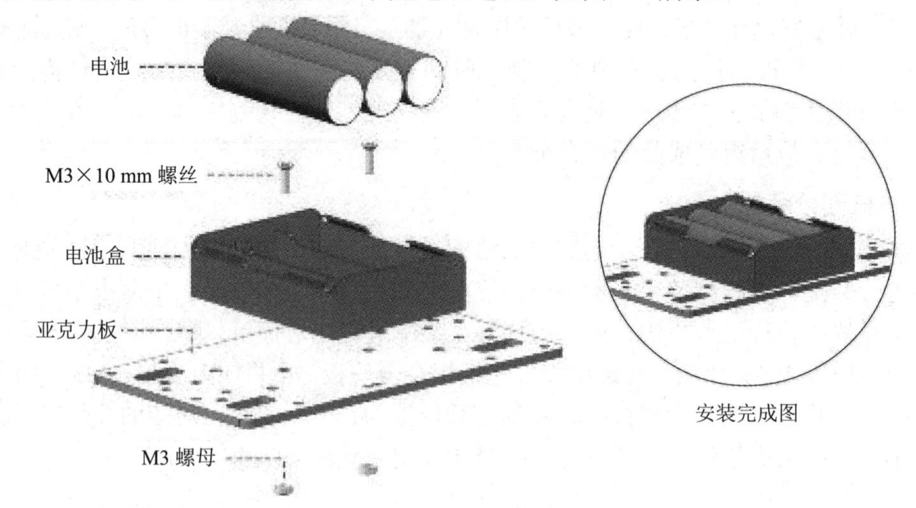

图 7-4 电源模块的装配

3. 电路控制部分装配

(1) 控制板：将 Arduino UNO 控制板(主控板)、扩展板、蓝牙模块、核心板、陀螺仪等待装配件准备好。蓝牙模块、核心板、陀螺仪依次插入扩展板孔位，注意插入方向(不要插反)，提前上紧 M3 × 11 铜柱，最后将 Arduino UNO 控制板对齐扩展板孔位并插紧，如图 7-5 所示。取出电机控制线、杜邦线，依次与扩展板上的接口相连，注意排线要自下而上穿过铝合金底板并连接到扩展板上的接口，冗余的线使用束线带扎紧并缠绕捆绑于 M2 × 70 铜柱或底板上。

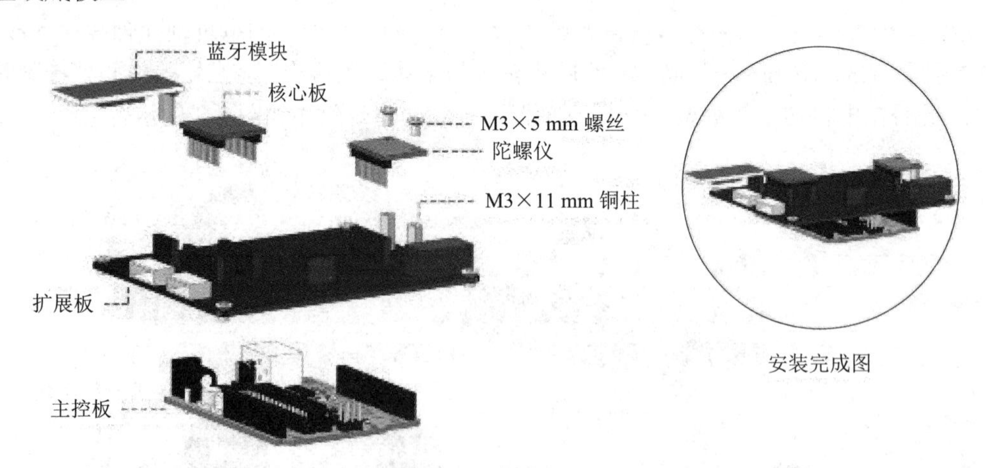

图 7-5 控制板模块的装配

(2) 安装固定模块。依次将上述完成的子装配模块按照上文设计的子装配关系进行装配，先在执行机构模块上，即铝合金底板位置将限位铜柱和螺栓螺母上紧，再将集成开发控制模块置于中心四根 M2 × 70 的铜柱和螺栓螺母上方用螺丝固定，这里按照走线规划固定模块中提到的走线方式进行走线，然后将电源模块安装于底板外围区域的四根 M2 × 70

铜柱上方，紧接着在同样孔位处上紧四根 M2 × 70 的铜柱的螺栓，最后盖上由激光切割得到的亚克力板顶盖。装配完成后的平衡小车样机，如图 7-6 所示。

图 7-6　平衡小车样机

4. 样机调试

在烧录程序前，需要注意拔掉小车上的跳线，烧录完成后再插回跳线。对已经装配完成的平衡小车样机进行整机调试，不仅要从机械部分入手，还需要从电路部分考虑。

机械部分调试所遇到的主要问题如下：

(1) 加工精度对产品的影响。在加工过程中，零件的表面较粗糙，而表面粗糙度会影响整体结构的强度，只有通过砂布打磨零件来降低表面粗糙度。

(2) 摩擦轮的摩擦力不够大。执行机构能否正常发挥作用取决于摩擦轮提供的摩擦力是否足够，本设计通过在摩擦轮的表面缠绕胶圈来提高摩擦轮的摩擦力，有利于执行机构的正常工作。

(3) 结构设计的失误。对于执行机构处的结构，按照原始设计在电机处设计减速箱以增大动力，如此失去了行进速度从而不能快速响应完成小车平衡状态调整，需要通过修改设计方案来满足功能要求。

(4) 电机与轴的连接问题。通过使用联轴器使电机与轴连接在一起，这样电机就能直接带动轴上的摩擦轮转动，提供驱动力行进。

PID 的参数调试往往是平衡车调试过程中较为复杂的一环，在这个案例中我们讲述的是串级 PID 的直立环调试。如前所述，比例控制引入了回复力，微分控制引入了阻尼力，微分系数与转动惯量有关。平衡车质量一定，重心位置增高，比例控制系数需要下降，微分控制系数需要增大。

调试过程包括确定平衡车的机械中值、确定 k_P 值的极性和大小、确定 k_D 值的极性和大小等步骤。

(1) 确定平衡车的机械中值。把平衡车放在地面上(此时其不会前后倾斜)，关闭电机脉冲宽度调制(PWM)，记录能让平衡车保持直立的角度，这里假设在 90°附近(安装误差并不会让传感器刚好获得 90°)。

(2) 确定 k_P 值的极性与大小(令 $k_D = 0$)。首先我们估计 k_P 值的取值范围。我们将 PWM 设置为 7200(代表占空比 100%)，假如设定 k_P 值为 360，那么若平衡车的直立角度误差在±5°

时，就会达到最大输出。大概估算一下 k_P 的取值，首先给个试探值 k_P：−100，可以观察到，平衡车往哪边倒，电机会往反向加速让平衡车倒下，说明 k_P 值的极性反了；接下来设定 $k_P = 100$，这个时候可以看到平衡车有直立的趋势，具体的数据接下来再仔细调试。我们将 k_P 值增加，直到平衡车出现大幅度的低频抖动，最终确定 $k_P = 230$；

(3) 确定 k_D 值的极性与大小。首先令 $k_P = 0$，通过观察角速度原始数据，其值最大不会超过 4 位数，再根据 7200 代表占空比 100%，所以估算 k_D 值在 10 以内，先设定 k_D 值为−1，k_D 值的作用在此表现为施加阻尼力阻碍平衡车的左右摆动，但此时平衡车加速摆动，说明 k_D 的极性反了；接下来设定 $k_D = 1$，当我们左右摇摆平衡车时，电机旋转产生阻碍平衡车运动的力量，可以确定 k_D 的极性是正的，具体的数据接下来再仔细调试。我们让 k_D 值一直增加，直到平衡车出现高频抖动，这时我们把 k_P 值的影响也考虑进去，最终进行微调。

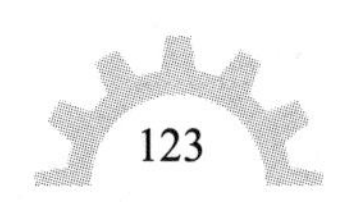

第 8 章　智能机电产品的产品化设计

8.1　产品化设计概述

一般来说，工业产品是指工业企业用材料进行生产性活动所创造出的有某种用途的生产成果，该成果最终能够被人们使用，并满足人们某种功能需求。本章所指的产品化设计是指在模块设计、样机调试完成后，将样机转化为符合市场需求的商品的过程。

产品化设计在企业地位的提高，原因是企业意识到并了解设计所蕴含的巨大价值。好的设计能带给企业巨大的经济价值。通过设计的开展，企业可以在满足产品使用功能的基础上优化产品结构、材料，降低生产成本，提高附加值和利润，这使得产品化设计成为企业发展必不可少的手段。同时，设计的价值也在科技发展、行业整理和竞争加剧的背景下凸显出来，设计也能把企业与消费者的距离拉近。因为对消费者而言，产品的使用功能固然重要，但是产品的外观、质量、品质和艺术水平等方面能够带给消费者更高层次的使用体验。

8.2　产品化设计的流程与方法

对于智能机电产品而言，外壳设计是产品化设计的一个主要内容，因此，本章以外壳的产品化设计为例，对其设计流程方法进行简要的介绍。

8.2.1　认识问题

在进行产品化设计的过程中，通常会遇到这样的情况：随着设计的开展与深入，大量的信息和问题随之而来，让人无从下手。所以我们必须在设计的初始阶段，就清楚存在的问题以及问题的组成和结构。

在“人—机—环境—社会”这一系统中，要厘清各要素间的相互作用和关系，编制相关的图表，如制订相关的设计计划表和实践安排表，此表格可贯穿整个设计过程，有助于设计者全面地认识设计问题，找出各要素之间的关系，把握总体的设计目标，从而顺利完成设计任务。

8.2.2 设计调研

进行设计调研，设计市场需要的产品，是产品设计者的首要工作。对于设计活动，应明确产品化设计不是封闭的自我包含的活动，而是设计师综合人、市场竞争、产品机能、审美、社会文化等诸因素进行编码，再在市场销售中由消费者进行解码的符号性活动。具体而言，设计师在进行产品设计时，应围绕以下几个要素进行设计调查和问题分析。

1) 人的因素

作为消费者的“人”是我们设计中要考虑的核心问题，智能机电产品设计总是以满足人的部分需求为目标之一。人具有自然性和社会性双重属性，自然性的人有物质需求，而社会性的人需要社会认同和自我实现，所以人的需求的满足具有层次性。马斯洛比较系统地将人的需求从低到高分为5个层次，即生理需求、安全需求、社会需求(友谊、爱情、归属)、尊重需求和自我实现需求。人们对产品的需求总是遵从从“量”到“质”再到“情”的逐步发展过程。特别在技术同质的今天，人们越来越注重产品实用功能后面蕴含的各种精神文化因素。在进行产品设计时，以人为中心，满足人们物质和精神的需求十分重要，因此促使我们采用不同的设计策略满足不同的需求。

2) 市场竞争因素

为了有效地分析竞争对象，首先要明确产品的竞争者；然后分析它们的市场策略、优势和不足；最后，进行策略选择。具体而言，需要从以下几个方面考虑市场竞争因素。

(1) 确定竞争对象。通常竞争对象的确定，一方面从技术指标分析，另一方面从市场指标分析。

(2) 分析竞争对象的市场策略。

(3) 研究竞争对象的优势与不足。从技术指标和从市场指标两方面进行分析。

(4) 策略选择。产品设计策略有两种：一种是进攻，一种是回避(但实际上往往是两种策略同时使用)。

3) 产品机能因素

产品的机能主要表现为产品的形态和功能。产品的形态差异除了源自功能和结构上的较大变化，一般源自零部件组合的变化，如外壳的组合关系，尤其是对于那些由于新材料或新加工技术的改变以及流行风格受社会进步而改变形态的产品，形态的改变大多为组合的变化，也就是说，零部件的组合关系决定了产品的形象。

同时，必须保证产品在功能上不能有点滴的差错。若发生问题，例如智能台灯不亮、洗衣机洗不干净衣物等，都必须重新从技术角度寻找新的解决方法、依据和组合原理，以发挥最完善的产品功能。

4) 审美因素

美具有让人们的感官愉悦的特质。“美”产生于审美主体与审美对象之间，表现为审美对象作用于审美主体的一种心理感受。从这个角度去理解产品设计所创造的“形”和“态”：“形”指人的主观感受，反映在产品的形状、颜色、质感等方面，通常其要表达的是一种功能上的美；“态”是指蕴含在物体内的“神韵”，往往带有一定的含义和象征，能够唤起

人们对某一情绪的体验。产品化设计的审美是上述“形”与“态”的有机结合。产品设计中，对于审美因素在实际操作过程中通常应注意以下几点：

(1) 产品整体造型与环境的和谐关系。

(2) 整体造型是否清楚地表达了产品的功能。

(3) 产品造型是否具有刻意性，是否有明确的结构特点，是否遵守明确的造型原则。

(4) 造型是否能激起欣赏者心灵上的共鸣，整体的表现是否能引起使用者的兴趣，产生好奇或愉快的感觉。

(5) 在造型材料的选用、生产过程和报废回收处理方面，要考虑其对生态环境的影响。

5) 社会文化因素

工业产品同人类社会中出现的其他器物一样，传递的都是物化、凝固的文化。美国著名未来学家约翰·奈斯比特指出：每一种新技术被引入社会，人们必然要平衡技术和社会反应，也就是说需要产生某种高级情感，否则新技术就会遭到排斥。审美设计活动具有文化特征，它是人们从精神上把握现实的一种特殊方式。从这个意义上说，设计产品首先代表着一种文化，设计者要能将整个社会的行为方式和意识形态凝固到产品之中。

8.2.3　设计构思与概念展开

1) 设计构思

要获得好的设计，除了要对所设计的产品进行深入细致的调查分析外，还必须在构思上下功夫。在构思时，要运用创造性的思维方式，尽量拓宽设计思路，大胆跳出传统观念的束缚。在整个构思过程中，设计师要始终明确以下几点：

(1) 任何设计都有改进的可能性。

(2) 设计并不是仅有一个答案。

(3) 不同的设计师站在不同的角度看问题，有着不同的解决问题的方案。

(4) 运用不同的材料、结构与市场技术，可以产生不同的解决问题的方法。

明确了以上几点才能拓宽设计师的思路，有利于设计师在设计团队中发挥自己的设计才干，实现设计目标。常用的设计构思方法有头脑风暴法、类比法、联想法、移植法、优缺点列举法、形态分析法、设问法等，这里不再一一介绍。

2) 概念展开

概念展开在整个设计流程中占有非常重要的地位，是将设计构思阶段形成的各种抽象概念具象化的一个十分重要的创造过程。对于产品外壳而言，一般通过图解思考的方式实现概念展开。该过程在工业设计领域主要表现为草图的设计，草图包含文字注释、尺寸标定、颜色设计、结构展示等主要步骤，体现了概念展开阶段设计师要达到的主要目的。

8.2.4　深入设计

在构思结束之后，还需要进行深入设计，考虑人机关系、色彩搭配、材料与工艺以及结构方面的因素，更不能忽略实际的可操作性。对产品设计而言，深入设计主要包含以下几个方面。

1) 技术可行性研究

在深入设计阶段，产品的功能和构造是首要考虑的问题，通常产品的功能和构造将直接影响产品的造型。这要求设计者应重视生产方法、生产工艺、生产成本等因素，据此寻求最合适的条件进行构思调整，优化设计方案。在讨论设计的技术可行性时，要注意以下几个方面：

(1) 设计构思对产品的功能和构造将产生多大的影响。

(2) 设计上提出的功能和构造在技术上是否能够实现，以及实现的难易程度。

(3) 有无制造上的问题，制造成本如何。

(4) 产品技术可行性对产品外观提出的要求有哪些。

2) 人机关系研究

智能机电产品通常是供人使用的，不考虑人的各种需求特征是无法进行设计的，人机工程学研究“人—机—环境—社会”系统中人、机、环境三大要素之间的关系，是为该系统中人的效能、健康等问题的解决提供理论与方法的科学。人机关系研究通常需要考虑以下几个方面：

(1) 在任何时候都要让使用者明确可以怎么做。在产品运行时，产品处于怎样的状态，使用者可以进行怎样的控制，这些都要有简单、明了的操作指示。

(2) 说明醒目。除了系统的概念提示外，还能醒目地说明产品能进行怎样的操作以及操作结果如何。

(3) 明确的操作提示。在机器操作过程中，要能很容易查看产品功能，譬如，控制功能可能使产品产生什么变化，特定条件下哪个功能可以使用等。

(4) 明确的系统运行状态显示。要能很容易地对系统现有状态作出评价，简单、清楚地表明产品系统运作状态。

3) 色彩战略研究

根据市场运营的情况，消费产品的一般发展过程可分为产生期、成长期、稳定期、成熟期、巅峰期、衰退期。每个阶段的产品特性与色彩设计有一定的对应关系，色彩设计在不同阶段扮演着不同的角色。

(1) 产生期。产品开发初期，通常将产品机能作为优先考虑的因素，色彩设计并未得到应有的重视。一般习惯采用单一的中性色。

(2) 成长期。本阶段是产品步入大众视野的第一步，竞争商品开始出现，机能增多，为获得区分效应，采用色彩设计作为实现差异化的手段，此阶段大多数产品都以红、黄、蓝、绿等鲜明的原色调出现。

(3) 稳定期。本阶段消费品机能固定、品目固定，各竞争商品差异并不大。此时色彩设计以符合产品形象为主，大多选用淡雅柔和、清爽宜人的中间色调，象牙色系、米黄色系颇受消费者的欢迎，消费者开始追求高品位及现代化的感觉。

(4) 成熟期。本阶段的消费习惯及生活形态有了很大的改变，产品机能、销售价格趋于同质化，能否满足消费者的心理需求成为市场运营成功与否的关系，因此，所有产品都以“流行化、个性化、多样化、差异化”作为设计指南，其中，个性化的色彩设计或流行

色的潮流引导都是占领市场、促进销售的有力手段。

(5) 巅峰期。在市场成熟度变高、品牌林立、产品泛滥之后，产品设计必须敏锐地反映时代的特点，个性化的区分也应更加细致。同时，同质消费品的换代开始了，消费大众会避免购买多个同类型消费品，而企业也更加注重自身品牌的号召力。因此本阶段色彩设计的重点在于表现出具有时代意义或者独特含义的形象概念。

(6) 衰退期。本阶段的市场已达到饱和，消费者不断追求新颖的生活形态，原有的产品机能已不符合需求。在此时期，色彩设计需要根据时代背景等赋予产品有意义的新色彩。

8.3　手板模型产品化制作

8.3.1　手板模型概述

手板亦称首板，它是产品的第一个模型，因为最初主要靠手工制作，所以称为手板。现代工业设计采用三维设计软件，可以在屏幕上直观地呈现产品的三维造型，进行模拟装配、运动仿真甚至静态和动态分析。但屏幕毕竟是一个平面，而且尺寸有限，无法和实物相比，各种各样的设计错误依然可能发生。国内外一些科研机构正在研究可触摸的三维空间仿真产品，但距产品投产应用为时尚早。

手板是验证产品可行性的第一步，是找出设计产品缺陷最直接、有效的方式。设计完成的产品一般不能做到很完美，甚至因有缺陷而无法使用，若直接投产导致全部报废，将大大浪费人力、物力和时间；而手板作为样品，制作周期短，损耗人力物力少，可以通过手板制作快速找出产品设计的不足，从而对产品缺陷进行有针对性的改善，直到满足产品的外观、结构、功能要求，为产品定型、量产提供充足的依据。下面介绍手板制作中需关注的要点。

1. 检验外观及结构设计

手板是可视且可触摸的，它可以很直观地以实物的形式把设计师的创意反映和体现出来，避免了“设计出来好看而做出来不好看”的弊端，因此手板制作在新产品开发及产品外形推敲中是必不可少的。因为手板是真实的物体，是可装配的，所以它可以反映出结构的合理性与安装的难易程度，便于及早发现问题、解决问题。

2. 避免直接开模的风险

由于模具制造费用很高，如果开模具的过程中发现结构设计不合理或其他问题，其损失可想而知。如果一个花费 1000 元的模型批量投产前未检验出设计缺陷，可能造成上千万元的巨额损失。所以，在产品设计早期，应及时发现产品设计过程中的缺陷并及时修正，以避免后续批量生产中的问题。手板模型制作是产品设计的重要环节，通过手板模型的制作，以较小的成本获得产品最终的形态或进行人机工程学操作测试，能够预知产品体积、质量等重要信息，还能有效控制产品的包装成本、运输成本以及生产制造中消耗的原料成本，并可由此估算出产品的销售价格和销售利润。如果成本超出设计之初的设想，可以及时进行设计调整，直至成本达到既定的目标。

3. 通过调查反馈提高产品市场竞争力

由于手板制作的超前性，企业可以在模具开发出来之前，利用制作出来的小批量手板产品进行前期的销售宣传和生产准备工作，从而尽早占领市场。在批量生产之前，可通过展览或者让最终客户进行实际验证的形式进行市场调查，得到客户的意见，预知产品最终消费者的实际心理需求及使用效果。向潜在客户展示平面展板或演示三维动画等都不会比向他们展示模型实物更具吸引力，仿真模型可以最直观地表达产品的形态、色彩、大小、结构、功能等信息。

8.3.2 手板模型制作方法

1) 手工手板

手工手板的制造主要靠手工完成，材料多用容易成型的黏土、石膏、木材、泡沫塑料等，尺寸精度低，主要用于表现实物形态，对制造人员的手工技艺要求高。目前，手工手板在产品的创意阶段和精度要求不高的建筑模型中应用较多，图 8-1 为手工制作的车壳手板(模型)。

图 8-1 手工制作的石膏车壳手板

2) 三维打印

三维(3D)打印通常是首选的手板制作方法。三维打印的层内加工精度高，层间精度低，特别是在浅平面处误差大。快速成型手板制造中，立体光刻设备(SLA)光敏树脂选择性固化的应用最广泛，但缺陷也很显著。一方面，SLA 机的加工能力按体积计算，但坐标尺寸小，许多大尺寸零件无法加工，对手板制造来说，企业很难承受大型 SLA 机的费用。另一方面，光敏树脂与常用材料差异很大，限制了模型的着色、上金等工序，手板上色后的示意图如图 8-2 所示。当然，随着生产规模的扩大，成本问题未来将得到部分解决。

其他快速成型工艺还有熔融沉积成型技术(FDM)、选择性激光烧结技术(SLS)以及层合实体制造方法(LOM)。因生成的材料有空隙，选择性激光烧结技术多应用在质量要求不高的手板制造中。层合实体制造方法的分层精度较低。目前，许多科研人员正采取各种优化方法来提高分层拟合的精度，但尚有一定难度。快速成型设备目前尚未成为手板制造企业的标配，只在大型手板制造企业配置，多以 SLA 光敏树脂选择性固化为主。

图 8-2　手板上色后的示意图

3) 数控机床

20 世纪 90 年代以后，随着计算机辅助设计/计算机辅助制造(CAD/CAM)系统的出现和数控机床(CNC)的大量应用，数控加工的成本迅速降低，数控机床的加工领域和范围不断扩大，用数控机床加工手板不但尺寸精度高、速度快，价格也有竞争性，这使手板的大量制造成为可能。许多原来不能加工的细微结构，都能用数控加工来完成。

CNC 手板目前多采用易切削的 ABS 塑料、亚克力(PMMA)、尼龙、硅橡胶、铝合金、锌合金、铜等材料在数控机床上加工完成。CNC 手板因为采取在整块材料上挖掘生产的方法，不但精度高、刚度好，而且材质一致、真实感强，并且圆弧及曲面的表达也很好，表面质量可以达到很高的水平，在抛光、电镀、喷塑、喷漆、丝印等后续加工后，制造效果完全可以同开模具生产的产品媲美。图 8-3 展示了采用 CNC 工艺制作的法兰模型。

图 8-3　采用 CNC 工艺制作的法兰模型

4) 真空复模

真空复模即手板复模，是一种手板件加工方式。手板行业中，复模是其中的一种手板加工方式，主要是用于小批量手板制作，其优点是时间快、成本低，具有非常好的市场竞争优势。做复模手板的材料有 ABS、PP、PC、亚克力、软胶及硅橡胶等。

手板复模首先要做一个原版模型(即母模)，可以通过 CNC 加工或者 3D 打印的方式来制作一个模板(样品)，然后通过复模工艺复制出一套模具；最后通过这个模具复制这个样品。采用这种工艺能够进行产品的小批量生产，一个硅胶模具可出 8～15 个产品，加工更快，但是加工精度更低。图 8-4 为齿轮机构的手板复模样品。

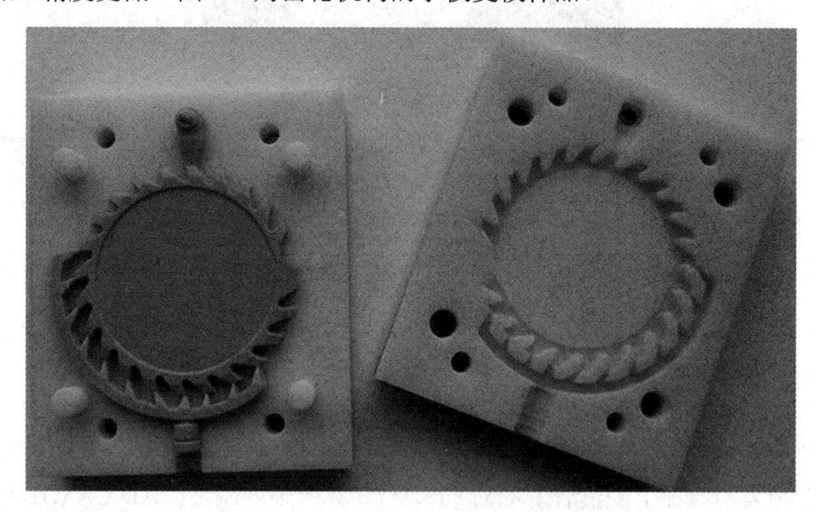

图 8-4 齿轮机构的手板复模样品

综上所述，目前制作手板的方法主要有手工手板、三维打印、CNC 工艺及真空复模 4 种。传统的手工手板制作效率低，不能胜任较复杂曲面的手板，而且精度、形状很难保证，不能确保各手板零件间的配合。而目前较先进的快速成型手板制作方法(如三维打印)，由于其精度、效率高而得到使用，但因其材料成本较高，设备较贵，难以在中小企业推广，因而其应用受到限制。CNC 工艺因其效率较高、成本适中，得到大部分厂家的采用。如要求做几套或是几十套样品时，适合采用这种方法，大大降低了成本。真空复模方法生产的手板有一定比率的缩水，一般来说，成本较 CNC 生产的手板低。

8.3.3 手板表面处理工艺

1) 打磨

使用砂纸对工件外表面进行打磨，除去工件表面的毛刺、机器加工纹路、粘接痕迹等缺陷，提高工件的平整度，降低粗糙度，使工件表面平滑、精细。

2) 喷砂

采用压缩空气驱动喷料(铜矿砂、石英砂、金刚砂、铁砂、海砂)，将其高速喷射到被处理工件表面，磨料对工件表面的冲击和切削作用使工件的表面获得一定的清洁度和不同的粗糙度。同时，可以改善工件表面的机械性能，增加工件的抗疲劳性，提高工件和喷漆涂层之间的附着力，延长漆膜的耐久性，也有利于油漆的流平和装饰。

3) 抛光

在打磨的基础上利用柔性抛光工具和磨料颗粒或其他抛光介质对工件表面进行修饰加工。抛光以得到光滑表面或镜面光泽为目的，有时也用于消除光泽(消光)。经过抛光工艺的工件表面粗糙度 Ra 一般可达 0.63～0.01 μm。PMMA 透明件需要非常高的打磨抛光要求，因此 PMMA 透明件的价格非常昂贵，是普通 ABS 件的 4 倍以上，PMMA 透明件抛光效果如图 8-5 所示。

图 8-5　抛光效果实例

4) 喷涂

(表面)喷涂是应用最为广泛的表面工艺之一，喷涂可遮盖成型后工件的表面缺陷，通过喷涂可以获得多种色彩、不同的光泽度、不同的外观视觉效果及多种不同的手感，同时可增强工件表面的硬度和耐擦伤性。喷涂的效果有：哑光、半哑光和亮光(高光)、各种纹理(蚀纹)、拉丝效果(金属颜色方可拉丝)、皮革效果、弹性手感效果(橡胶漆)等(见图 8-6)。

图 8-6　喷涂上色效果实例

5) 喷塑(喷粉)

(静电)喷塑是指利用电晕放电现象使粉末涂料吸附在工件上。一般过程如下：首先，粉末涂料经供粉系统由压缩空气送入喷枪，在喷枪前端加有高压静电发生器(如有高压)，由于电晕放电，在喷枪前端附近产生密集的电荷，粉末由枪嘴喷出时，形成带电涂料粒子。粒子在静电力的作用下被吸到与其极性相反的工件上去，随着喷上的粉末增多，电荷积聚也越多，当达到一定厚度时，由于产生静电排斥作用，便不继续吸附，从而使整个工件获得一定厚度的粉末涂层；然后，经过热使粉末熔融、流平、固化，即在工件表面形成坚硬的涂膜。

静电喷粉的优点：不需稀料，无毒害，不污染环境，涂层质量好，附着力和机械强度非常高，耐腐蚀，固化时间短，不用底漆，工人技术要求低，粉回收使用率高。

静电喷粉的缺点：涂层很厚，表面有波纹效果、不平滑，只能加工半哑光、亮光这两种外观效果(喷塑后的效果图见图 8-7)。

图 8-7　喷塑效果实例

6) UV 喷涂

UV 喷涂指板材表面经过 UV 处理保护。UV 是 Ultraviolet(紫外线)的英文缩写，UV 漆称为紫外光固化漆，也称为光引发涂料。UV 喷涂硬度高，最高硬度可达 5～6H，固化速度快，生产效率高，涂层性能优异，涂层在硬度、耐磨、耐酸碱、耐盐雾、耐汽油等各方面的性能指标均非常高，特别是其漆膜丰满、光泽突出。

8.3.4　制作案例——加油枪把手手板

下面具体介绍加油枪把手手板制作流程：

(1) 切割材料。首先，分析加油枪把手模型，根据结构以及具体形态确定选择整体制作还是分块制作方式，计算材料尺寸；然后，切割出大的体块材料，并在已经切割好的材料各个面上画出视图，即根据设计尺寸，画出对象的清晰轮廓；最后，根据轮廓线，使用小型锯片等工具切割模型的多余材料(切割前后的示意图如图 8-8 所示)。

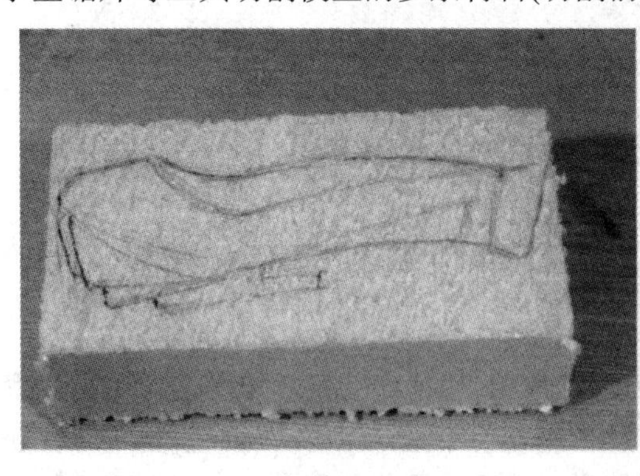

(a) 切割前

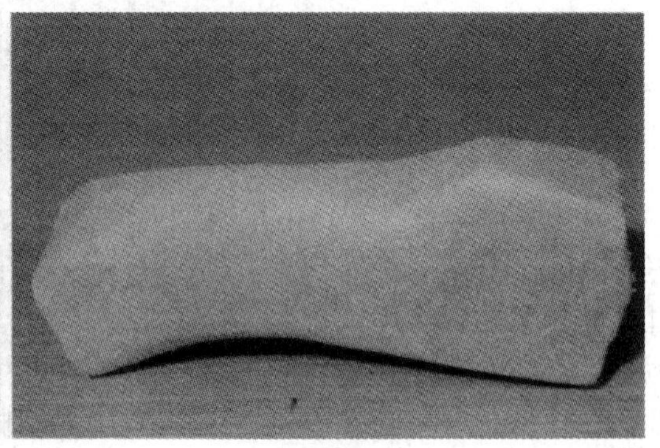

(b) 切割后

图 8-8　模型切割

(2) 表面修理。用锥子等尖头工具对模型进行刮、挖等细致研磨，根据设计效果进行表面修饰，用手反复握拿加油枪把手模型，推敲设计的尺寸是否适合手的拿、握，以及是否方便用力。根据手的感受反复修改模型的尺寸细节，并用细砂纸研磨、修整模型的细微部分(见图 8-9)。

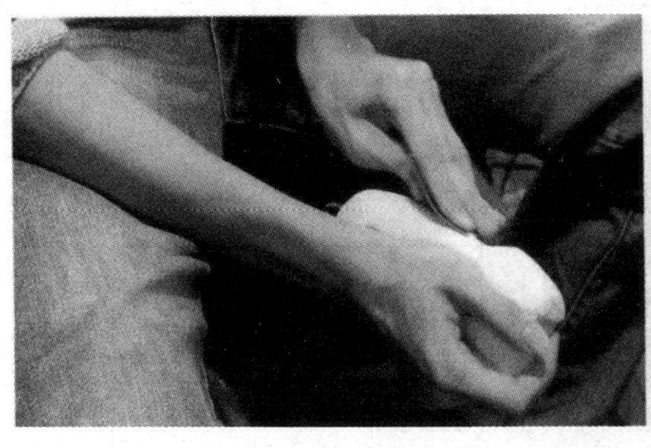
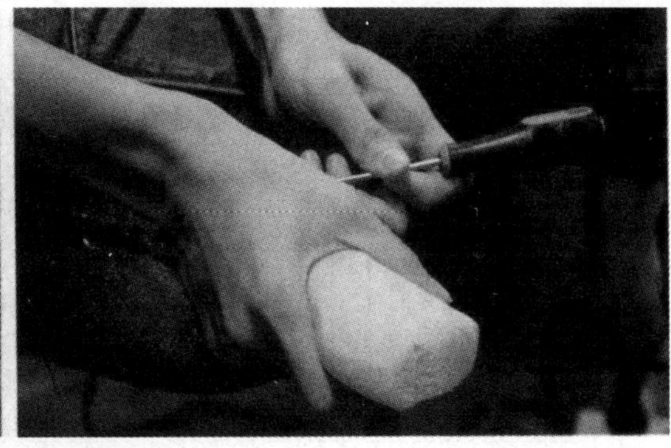

图 8-9　表面修整

(3) 细部制作。用以上同样的方法制作加油枪模型的按键部分。用胶水将模型各个部分粘结起来，再次感受加油枪把手以及按键的操作效果，直至达到满意的手感效果，完成模型制作(见图 8-10)。在此基础上还可以进行打磨、抛光和上色等工艺。

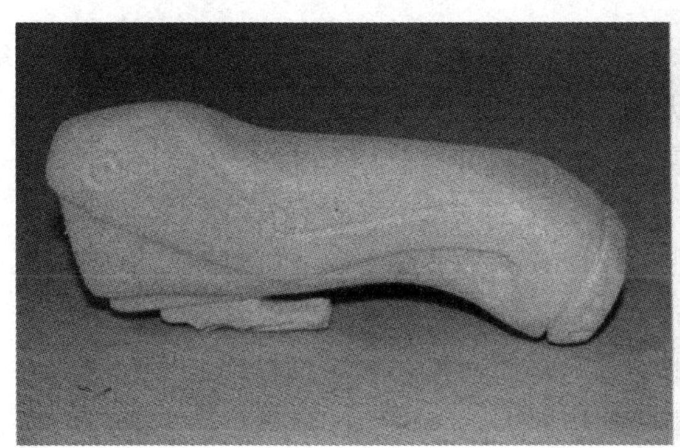
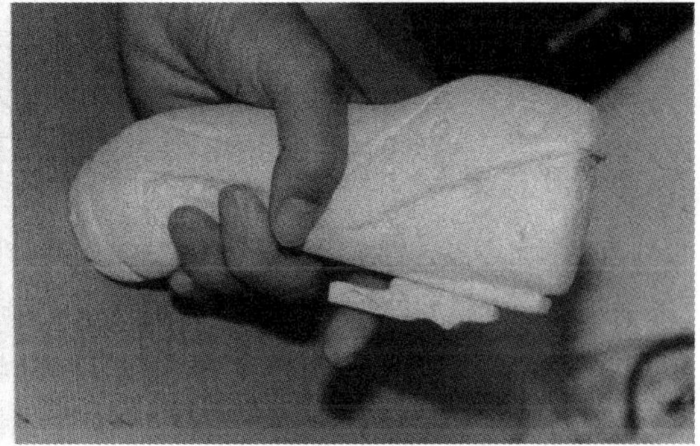

图 8-10　完成手板制作

8.4　产品化设计实例——平衡车

8.4.1　平衡车设计分析

平衡车设计之初的目的是设计一种代步工具代替人们的双脚，实现短途出行。但是由于操作系统以及防护系统的特殊性，平衡车的购买者与使用者一般是具有较强平衡性和控制能力的成年人。当然在日常生活中不难发现，会有一些家长为了满足孩子的好奇心，让小孩驾驶平衡车，但也是在家长的保护下进行的，仅用于孩子娱乐。如今一般将平衡车应用于短途代步、商务、警务、安保、娱乐等方面。

平衡车用户们在选购平衡车时，更多关注的还是行驶是否安全、造型是否美观、续航是否持久、携带是否方便、操作是否灵活稳定等直接影响平衡车使用体验的问题。平衡车用户需求如图 8-11 所示。

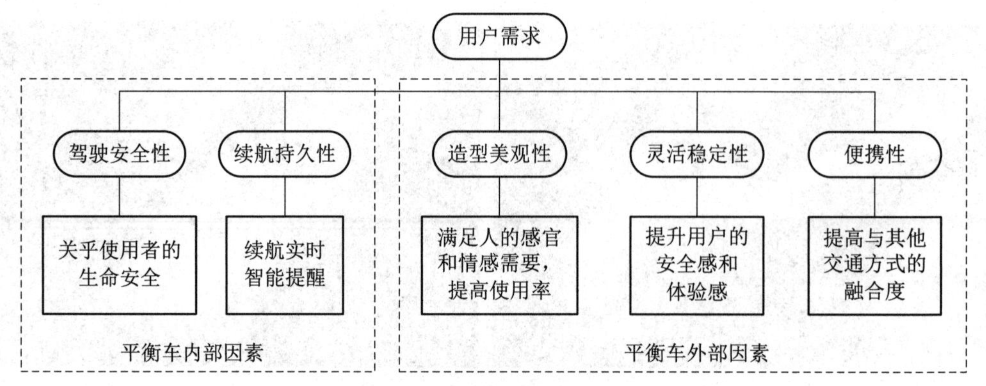

图 8-11　平衡车用户需求

(1) 驾驶安全性。平衡车的驾驶安全关乎使用者的生命，最为重要。造成平衡车失控的原因主要包括道路颠簸、路面湿滑、发生碰撞以及紧急加减速等。研发人员要严格保证传感器的可靠性、微处理器的运行速度、程序的合理性，保证车身的减震及轮胎防滑效果。

(2) 造型美观性。现代产品不再只注重功能，外观造型的美观情况对产品的表达也极为重要。现代产品的造型设计主要强调满足人的需要，看起来美观大方、精巧宜人的产品造型可以提高用户的使用效率，长远来看，甚至有助于提升整个社会的物质文明和精神文明水平。

(3) 续航持久性。平衡车的存在价值就在于短途行驶，根据市场分析数据，平衡车的续航能力基本上可以满足用户的驾驶需求。唯一需要改进提升的地方是对续航情况的智能提醒，让用户时刻了解平衡车的储电情况以及当前的续航距离。

(4) 灵活稳定性。灵活稳定性和安全性是相辅相成的。尽可能地提高平衡车操作的灵活性以及行驶的稳定性，可以让用户提升体验感，用户保持愉悦的心情，进而也提升了驾驶的安全性。

(5) 便携性。由于行驶道路的复杂多变，在驾驶平衡车出入地铁或商场等场所时，会遇到上下台阶或走楼梯等情况，此时用户需要将平衡车手提携带前进。因此，在结构设计上若将便于折叠携带的特点融入其中，可以极大地减轻用户的负担。

8.4.2　平衡车结构分析

市面上常见的双轮和独轮平衡车工作原理都基本相同，结构较简单，主要由两部分构成，一部分是平衡车的内部，主要对用户的操作进行反馈而控制平衡车的运行，称之为内部构件(处理性部分)，另一部分是平衡车的外部，主要用于满足使用者的交互需求，称之为外部构件(功能性部分)，如图 8-12 所示。一般来说，构成平衡车的主要模块如下：

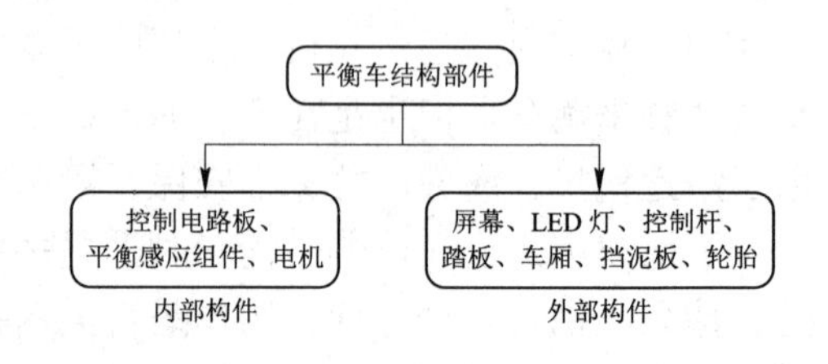

图 8-12　平衡车结构分析

(1) 控制电路板，即主板，包括传感器模块、运算模块、电机驱动模块。

(2) 平衡感应组件，即陀螺仪，或者陀螺仪与加速度计的组合。

(3) 电机，平衡车的电机从功能上可以大致分为直流电机、步进电机、伺服电机，从结构上主要分为有刷电机与无刷电机。平衡车电机方案分为独立电机加齿轮传动方案与轮机一体的轮毂驱动方案。

(4) 功能性部分，平衡车的外观造型主要由此部分的构件组成，该部分构件也称为外部构件，包括屏幕、LED 灯、控制杆、踏板、车厢、挡泥板、轮胎等。

双轮自平衡车和独轮自平衡车是市面上常见的两种自平衡车。虽然在外观上两者区别显著，但本质上它们的工作原理是相同的。图 8-13 为平衡车的结构特征示意图。

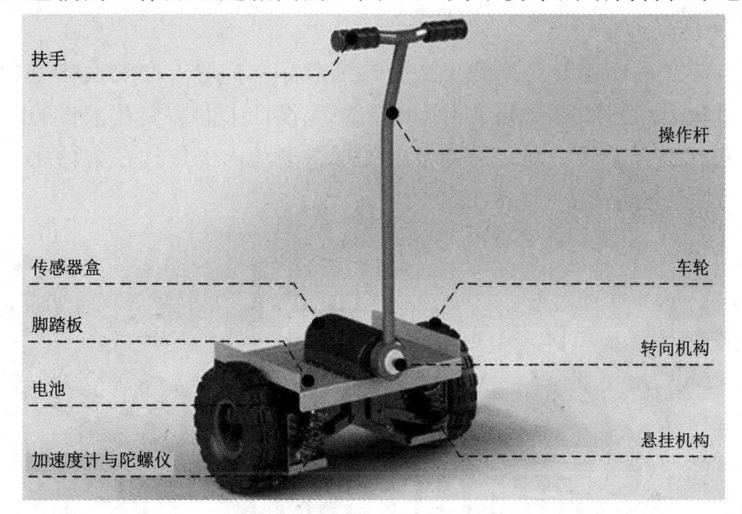

图 8-13　平衡车结构示意图

8.4.3　平衡车设计说明书

1) 前期草图设计

在前期草图设计阶段，主要通过头脑风暴法、联想设计法等发散性思维获取多样性、多变性的设计概念，而非局限在一个固定的设计点上。依据平衡车设计目标与思路进行创作，初期大量的概念草图构想了不同的设计方向。图 8-14 是 6 款平衡车设计方案草图。

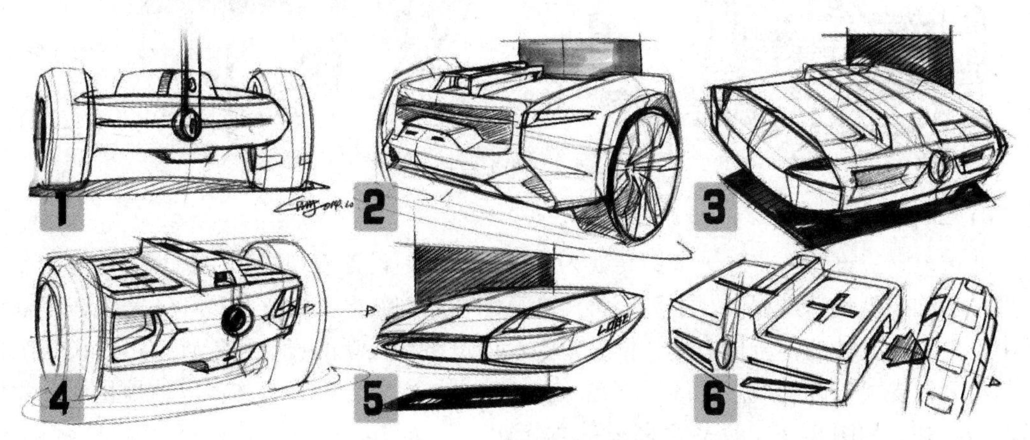

图 8-14　平衡车设计方案草图

2) 设计方案评价

针对不同产品的层次和特性，要做到具体问题具体分析，从产品的功能、材料、形式、结构等要素设计出不同的评价方案，得出合理的用户问卷调查。而根据用户问卷调查，设计者可以更加清晰地了解用户的直观感受和感性诉求，将用户的合理建议直接吸收到后期设计当中。在此，通过设计方案可用性和用户体验两个方面对设计方案进行设计评价，从众多的设计方案当中选择最为合理、有效的设计方案，最终指导设计实践。最终选择方案4为最终设计方式，接下来需要通过绘制大量的设计草图，细化选定的设计方案。

3) 设计方案细化

确定设计方案之后，需要对平衡车造型、细节和结构等方面的设计进行细化完善。产品的外观造型是吸引用户的第一要素，因此在外观设计上面需要花大量的时间去推敲点、线、面三者之间的组合穿插，同时需要考虑外观造型与内部结构在立体化、具体化方面的关系，从而使方案完美呈现(见图 8-15)。

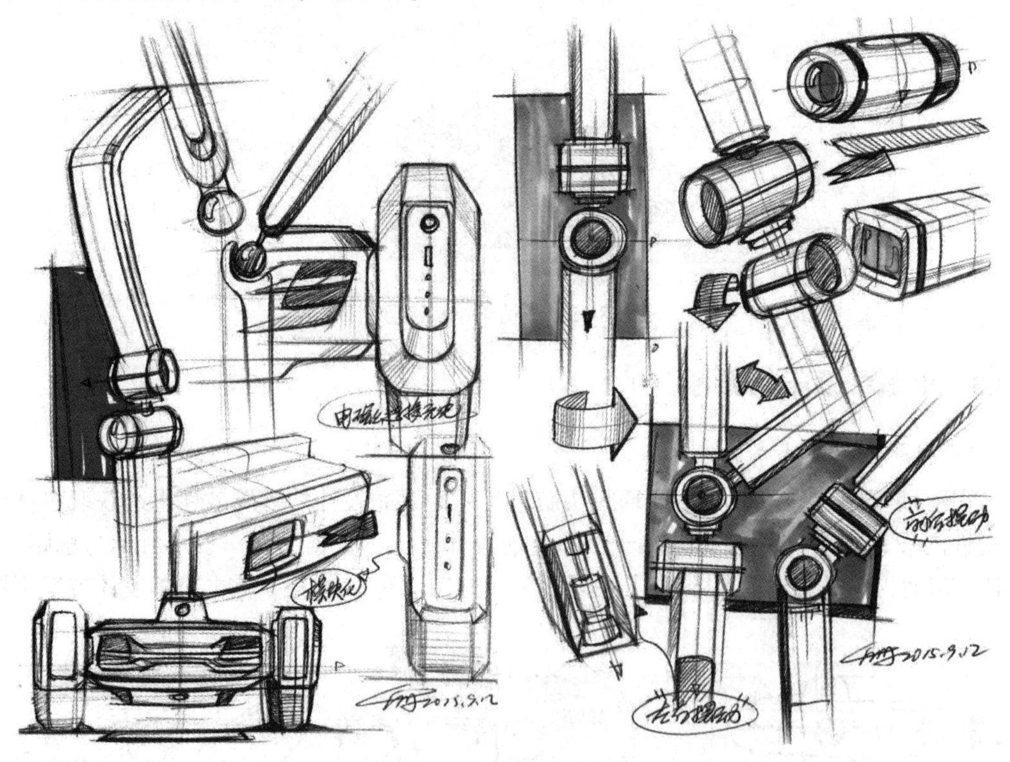

图 8-15 平衡车设计细化

4) 三维造型

通过电脑三维软件将二维草图转换为三维模型，是设计表现过程中最为关键的一步。在虚拟三维模型设计过程中，不但要将概念草图中的创新之处完美呈现，还需要在建模过程中不断发现设计的不合理之处，推敲新的设计思路寻找新的设计可能性。可以说三维建模是将看似支离破碎的概念草图组合在一起，使设计更加合理、具体、立体地呈现在我们眼前的方法。如图 8-16 为两轮平衡车三维模型。

图 8-16　两轮平衡车三维模型

5) 渲染配色

在渲染的过程中，平衡车色彩搭配和材质质感决定用户最直观的视觉感受。合理且富有美感的色彩和材质搭配，可以有效地提升产品价值与品质感。色彩对用户基本感知的影响，主要体现为对色彩的心理感受，主要包括冷暖、硬朗、扩张、缩小、明快简洁、质感等感觉。在平衡车色彩设计上，外观主体颜色以白色与黑色为主，细节搭配方面，辅以橙色、绿色。平衡车渲染配色后的效果如图 8-17 所示。在平衡车材质的选择方面，主要考虑的是其便携性与灵活性：常用工程材料有 ABS 和铁合金，但这两种材料导致车身重量较大，影响用户的使用体验；在近几年的平衡车材质设计中，多选择碳纤维和铝合金，可实现平衡车轻量化的设计目标。

图 8-17　平衡车渲染配色后的效果图

第9章　智能机电产品创新设计实践成果报告

智能机电产品完成设计、试制和调试之后，根据项目情况，需要对设计开发的原始资料进行整理，形成一系列的规范性文档，包括设计说明书、图纸、学术论文、专利、科技查新报告、质量检验报告和用户使用报告等。下面主要介绍这些规范性文档的撰写规范，其中，学术论文和专利的撰写涉及内容较多，读者可查阅相关资料进行学习。

9.1　设计说明书

设计说明书是系统设计的重要技术文件之一，是交流、审核、存档和优化升级的重要依据，因此编写设计说明书也是设计工作的重要环节之一。设计说明书作为总结性文件，我们要求其能够清楚地叙述整个设计过程和详细设计内容，设计说明书包括以下内容。

1) 目录

目录应列出说明书中的各项内容标题及页次，包括设计任务和附录。目录由文序号、名称和页码组成，在封面之后。目录一般列至三级标题，以阿拉伯数字分级标出。目录内容应当层次清晰，并与正文题序层次、标题内容完全一致。目录主要包括引言、正文主体(一般只到三级标题)、结语或结论、主要参考文献、附录和后记等。目录应单设一页，“目录”两字之间空两个字符，三号黑体，不加粗，居中占一行，“目录”上下各空一行，结尾处无标点符号。“目录”下各项内容应该标明与说明书中相应内容对应的页码，标题和页码之间的空格应当用小圆点填充。目录内容用小四宋体，从正文开始用阿拉伯数字编写页码。目录各项页序统一为右顶格对齐。在采用 Microsoft Word 等应用软件输入文档时，对各级标题进行定义(分为标题 1、标题 2 和标题 3)，可自动生成目录中各正文标题与页序的对应，当修改正文中内容，引起标题与页码改变时，通过更新功能进行自动更正。

2) 引言

对设计背景、设计目的、市场需求、技术需求、设计意义进行总体描述，对要进行的设计方案进行总体规划。引言是对设计任务立项进行的论述，目的是说明本设计的来龙去脉，为什么选择该题目进行设计。作为设计说明书的开头，引言以简短的篇幅介绍设计背景和设计目的，以及相关领域研究人员所做的工作和研究概况。明确地说明为什么要做这项设计，将要做哪些工作。引言中提示本设计的工作和观点时，用语要简洁，描述要开门见山、直奔主题、突出重点，避免大篇幅讲述历史渊源和立项研究过程，不应过多叙述同行熟知的知识或教科书中的知识。

3) 正文

正文主要介绍设计依据和设计过程，主要包括设计任务书、总体方案、机械系统设计、智能控制系统设计等具体内容。正文是说明书的主体和核心部分，是作者设计能力与设计成果的具体体现。作者在这一部分应对自己的设计作全面、充分、有说服力的论述，提出有创造性的见解。正文应结构合理、层次清楚、重点突出，文字简练、通顺。正文的主体应该包括设计内容的总体方案设计及论证、可行性分析、理论分析、设计结果等，要写明设计计算、选材情况、设计实体建模等。设计内容与设计图要一致，反映设计的主要成果，作为指导工程实施的依据。

正文的书写格式如下：

第一章　黑体小三号(一级标题)

1.1　黑体四号(二级标题)

1.1.1　黑体小四号(三级标题)

宋体小四号(正文)

黑体五号(表题与图题)

黑体小三号(参考文献)

宋体五号(参考文献正文)

黑体小三号(附录)

宋体小四号(附录正文)

阿拉伯数字的编号分级一般不超过三级，两级之间用下圆点隔开，每一级编号的末尾不加标点。

(1) 章节与各章标题。说明书正文分章、节、条撰写，每章另起一页。各章节标题要突出重点、简明扼要。自述一般在 15 字以内，标题中不得使用标点符号。标题尽量不要采用英文缩写词，应采用本行业的通用缩写语。

(2) 页面设置。每页的版面、页眉、页脚套用统一的课程设计报告格式，从正文开始采用阿拉伯数字编写页码，页码位于页面右下方，每一章均重新开始一页。中文段落和标题一律采用“1.5 倍行距”，不设段前段后间距。

(3) 图表编号。文中图、表只用中文图题和表题；每幅插图应有图序和图题；图序和图题居中放在图下方，图序和图题一般采用黑体五号字。图的编号由“图”和阿拉伯数字组成，阿拉伯数字由两部分组成，中间用“.”或“-”号分开，前部分数字为所在章的序号，后部分数字表示图在该章中的序号，如图 1.5 或“图 1-5”。每个图号后面都要有图题，插图和图题是一个整体，不能拆分排于两页，插图应紧跟在正文提及段落之后。

同样每个表格应有自己的表序和表题，一般采用黑体五号字，表的编号方法和图的编号方法相同，例如“表 2.1”。表的编号和标题位于表的上方居中位置，如某个表较大，需要转页接排，在随后到各页上也要重复表头并在右上角加续表二字。

(4) 计量单位。说明书的量和单位必须符合中华人民共和国的国家标准(GB/T 3102.1～13—1993 量和单位系列标准)，它以国际单位制为基础。非物理量的单位，如件、台等，可用汉字与符号构成组合形式的单位，如件/台、元/km。力求单位统一，不混淆使用中英文单位名称。

(5) 标点符号。设计说明书中的标点符号用法应符合国家标准《标点符号用法》(GB/T

15834—2011)的规定。

(6) 数字与英文字符。说明书中的测量、统计数据应一律用阿拉伯数字；在叙述中，一般不宜用阿拉伯数字。全文中的英文字符均采用“Times New Roman”字体，字号与字符所在段文字对应。

(7) 名词名称。科技名词尽量采用全国科学技术名词审定委员会公布的规范词或国家标准、行业标准规定的名称，尚未统一规定或有争议的名词术语，可采用惯用的名称。使用外文缩写代替某一名词术语时，首次出现时应在括号内注明全称。外国人名一般用英文原名，按名前姓后的原则书写。一般熟知的外国人名(比尔·盖茨、克林顿、牛顿、马克思等)应按标准译法写译名。

(8) 公式。公式应用公式编辑器输入，说明书中不得粘贴图片格式的公式。公式的编号用圆括号放在公式右边的行末，与公式之间不加虚线等标记。对于公式中需要说明的变量，在公式下面的段落中，采用“式中：x 为……，y 为……”的方式加以说明，x、y 等字符必须与公式中的字体一致。

4) 参考文献

将设计中用到的参考书、手册、样本、学术论文等资料列出。

5) 附录

附录中列出在设计过程中使用的非通用设计资料、图表、程序等。

9.2 图　纸

智能机电产品的设计图纸包括两大类：机械系统图纸和控制系统的硬件电路图纸。一般以机械系统图纸为主，硬件电路图纸通常不复杂，在相应的EDA设计软件中另存为规定文档即可。机械系统图纸包括总装(配)图、零(部)件图，图纸编号要符合相关规定，图纸图幅、比例、尺寸与公差标注等均须符合相关国家标准。

1) 总装图

总装图能对整体结构进行清晰表达，通过总装图能理解机械系统的工作原理和基本构成。绘制该图时，要保证机械系统的装配工艺性；只标注必要的性能尺寸、外形尺寸、配合尺寸、相对位置尺寸以及关键尺寸；保证标题栏、零部件序号和明细表完整；技术要求中的文字注写应准确、简练，一般写在明细栏的上方或图纸下方空白处。

2) 零件图

对零件的各部分细节表达要完整清楚，轮廓线、中心线、尺寸线的线型和粗细应该分明；合理选择基本视图、剖视图和剖面图，各视图间投影关系正确；零件图上的尺寸标准应该满足设计和工艺要求，必须合理选择标注尺寸的基准，把握设计基准、工艺基准和测量基准之间的关系，尽可能做到三个基准统一。标注尺寸时，应该根据设计性能，设计合理的机械精度，确定尺寸公差；合理选用配合面与工作表面等重要面的表面粗糙度，与其尺寸公差要求相一致；考虑装配定位面、工作面的形状与位置公差要求；满足表面热处理、材料等要求；设计零件时必须考虑加工工艺性。

3) 图纸编号

一台智能机电产品的整套图纸通常由多张零(部)件图和总装图组成，为了方便分类、查找和检索，就必须对图纸进行编号。图纸编号的规则一般由企业规定，一般由字母+数字组成，字母为公司简写或公司代号，数字分为以下几种：产品号或项目号、产品下部件号或分项目号、项目零(部)件图号码，具体由企业根据实际情况和产品特点进行规定。图纸编号示例如下：

总装配图：XXX-00

部件 1 装配图：XXX-01-00

零件图 1：XXX-01-01

零件图 2：XXX-01-02

零件图 3：XXX-01-03

……

部件 2 装配图：XXX-02-00

零件图 1：XXX-02-01

零件图 2：XXX-02-02

零件图 3：XXX-02-03

……

部件 3 装配图：XXX-03-00

……

其中，“XXX”是产品字母代号，可以用其英文简写或拼音开头的字母，一般装配图后都有“-00”，组成该装配图的部件图或零件图依次编号“01、02、03……”。

9.3　科技查新报告

科技查新报告是指在选定某项科研课题或申请某项专利或对科技成果进行鉴定之前，通过国家知识产权局网站专利检索或其他科技情报网站查询当前项目的新颖性和创造性，了解当前本领域的科技动态，是否已有相同或类似内容的最新科技成果和最新专利，以免重复研究和试验，浪费人力、财力和物力。科技查新报告是查新机构对查新委托人作出的正式陈述，其内容包括查新事务及其结论，报告以书面形式呈现。科技查新报告是科技查新活动的最终成果，可以作为判断查新项目新颖性的直接依据，查新机构应当在查新委托单约定的时间内向查新委托人出具科技查新报告。

科技查新报告撰写的注意事项如下：简述项目所属技术领域及要解决的技术问题；重点描述项目为解决技术问题所采用的技术方案，如材料、工艺、方法、设备等方面的创新；反映有益成果，有益成果可以由生产率、质量、精度和效率的提高，能耗、原材料、工序的节省，加工、操作、控制、使用的简便，环境污染的治理或者根治，以及有用性能的出现等方面反映出来；应以通用、规范的技术术语进行表述，不得使用修饰性的表述语，如打破、首创、独特等。凡需要查证的数据、指标等还应提供权威机构的检测报告；如有多个查新点，应逐条列出，每个查新点突出一个技术主题或技术特征，一般不超过三点。

9.4 质量检测报告

质量检测报告是根据国家制定的或行业认可的第三方检测机构根据标准化的要求，对产品和工程进行质量检测与质量监督，并加以分析研究后写出的反映产品和工程质量情况的书面报告。它是对产品检测之后出具的一份权威客观的报告，是判定产品质量是否合格，收集、统计、分析质量数据，评估质量改进和质量管理活动优劣的重要依据。该报告是智能机电产品设计性能指标的最重要佐证材料，在项目申报、产权交易和产业化过程中起着至关重要的作用。

质量检测报告应包括以下信息：

(1) 标题(例如检测报告、测试报告、检验证书、产品检验证书等)、编号、授权标识(CNAS/CMA/CAL 等)和编号。

(2) 实验室的名称和地址，进行检测的地点(如果与实验室的地址不同)，必要时给出实验室的电话、电子邮箱、网站等。

(3) 检测报告的个性标识(如报告编号)和每一页上的标识(报告编号+第#页 共#页)，以清晰标识该页(属于检测报告的一部分或作为表明检测报告的结束部分)。

(4) 客户(委托方、受检方)的名称和地址。

(5) 所用方法(含抽样、检查、测试检查、尺寸测量等)的说明。

(6) 检测物品的描述、状态(产品的新旧、生产日期等)和明确的标识(编号)。

(7) 对结果的有效性和应用，标明至关重要的检测物品的接收日期和进行检测的日期。

(8) 如与结果的有效性或应用相关时，应包含实验室或其他机构所用的抽样计划和程序的说明。

(9) 检测的结果适用时，应带有测量单位。

(10) 检测报告批准人的姓名、职务、签字或等效的标识。

(11) 结果仅与被检测物品有关的声明以及必要的说明，如客户要求的附加信息，需对检查情况、方法或结论作出进一步说明(包括从原来的工作范围删除了哪些内容)等。

(12) 如果检验的部分工作被分包，这部分的结果应明确标识。

(13) 附件，包括示意图、线路图、曲线、照片、检测设备清单等。

9.5 用户使用报告

新产品研发完成之后，应尽快创造条件让目标用户试用。根据具体情况，用户试用可分为有偿和无偿两种方式。无论采用哪种方式，都可以和用户协商，请用户出具正式的用户使用报告，尤其应得到用户使用过程中的产品反馈信息，据此，作为产品优化升级的重要依据。当然，用户正面积极的评价也非常重要，与科技查新报告、质量检验报告共同作为证明产品创新性、可靠性和市场前景等方面的材料。

一份完整的用户使用报告应包括产品名称、型号、产品使用单位、单位地址、联系人、使用情况、用户评价及意见等信息，对于具体产品，应注明该产品的应用对用户在经济效益和社会效益方面的所发挥的作用或贡献。图 9-1 为用户使用报告常见范例。

用户使用报告

<table>
<tr><td>使用单位</td><td></td></tr>
<tr><td>地址</td><td></td></tr>
<tr><td>产品提供单位</td><td></td></tr>
<tr><td>产品名称型号</td><td></td></tr>
<tr><td colspan="2">使用情况：
我司于　年　月　日开始使用　　　有限公司的　　，该产品功能完全符合我司使用要求，性能稳定，质量可靠。</td></tr>
<tr><td colspan="2">评价及意见：
品质优良。
签名：
日期：</td></tr>
</table>

图 9-1　用户使用报告范例

参 考 文 献

[1] 张旭辉，樊红卫，朱立军. 机电一体化系统设计[M]. 武汉：华中科技大学出版社，2020.
[2] 袁中凡. 机电一体化技术[M]. 北京：电子工业出版社，2006.
[3] 王金娥，罗生梅. 机电一体化课程设计指导书[M]. 北京：北京大学出版社，2012.
[4] 芮延年，蒋晓梅. 机电一体化系统综合设计及应用实例[M]. 北京：中国电力出版社，2011.
[5] 高安邦. 机电一体化系统设计实例精解[M]. 北京：机械工业出版社，2008.
[6] 郭家瑛. 市场研究技术[M]. 杭州：浙江大学出版社，2019.
[7] 向红梅，文婷，宋世才，等. 市场调研与需求分析一体化项目教程[M]. 北京：北京邮电大学出版社，2013.
[8] 张西华. 市场调研与数据分析[M]. 杭州：浙江大学出版社，2019.
[9] 黄能会. 智能产品设计理论及实践研究[M]. 天津：天津科学技术出版社，2019.
[10] 黄惠烽. 信息检索与论文写作[M]. 成都：西南交通大学出版社，2015.
[11] 吉久明，孙济庆. 文献检索与知识发现指南[M]. 2 版. 上海：华东理工大学出版社，2013.
[12] 王立诚. 社会科学文献检索与利用[M]. 3 版. 南京：东南大学出版社，2014.
[13] 许明. 电子设计创新实践[M]. 西安：西安电子科技大学出版社，2022.
[14] 周志华. 机器学习[M]. 北京：清华大学出版社，2016.
[15] SPINELLIS D. Effective Debugging：软件与系统调试的 66 个有效方法[M]. 北京：电子工业出版社，2017.
[16] 蒋金辰，皮永生. 产品设计程序与方法[M]. 重庆：西南大学出版社，2009.
[17] 李程. 产品设计方法与案例解析[M]. 北京：北京理工大学出版社，2017.
[18] 刘建元，陈亮，高俊国. 3D 打印技术在手板模型行业中的应用[J]. 现代工业经济和信息化，2015，13: 30-32.
[19] 张蒙. 基于感性工学的平衡车造型设计研究[D]. 西安：西安科技大学，2021.
[20] 程永胜. 基于体感交互的自平衡车研究与设计[D]. 秦皇岛：燕山大学，2015.